玩转电子设计系列丛书

用 Multisim 玩转电路仿真

刘 波 胡 薇 汪海艺 张 超 编著

電子工業出版社·

Publishing House of Electronics Industry

北京·BEIJING

内 容 简 介

本书主要介绍使用 Multisim 进行电路设计仿真的方法。内容涉及 Multisim 软件的基础操作、数字电路的基础知识及仿真、模拟电路的基础知识及仿真、51 系列单片机的应用和 PIC 系列单片机的应用。书中仿真验证了逻辑门、编码器、译码器、数据选择器、加法器、数值选择器、寄存器、计数器、顺序脉冲发生器、放大电路、运算放大器、滤波器、波形发生器、直流电源电路和单片机应用电路等实例，其中单片机应用电路包含流水灯、数码管、简易电压表和水位控制器等实例，也是对数电知识和模电知识的综合利用。读者可以在熟悉 Multisim 操作的同时学习到数字电路、模拟电路和单片机电路等知识，为自己 DIY 电路打下基础。

本书适合对电路设计及仿真感兴趣或参加电子设计竞赛的人员阅读，也可作为高等院校相关专业和职业培训的实验用书。

图书在版编目（CIP）数据

用 Multisim 玩转电路仿真 / 刘波等编著. —北京：电子工业出版社，2022.6

（玩转电子设计系列丛书）

ISBN 978-7-121-43558-4

Ⅰ. ①用… Ⅱ. ①刘… Ⅲ. ①电子电路—计算机仿真—应用软件 Ⅳ. ①TN702

中国版本图书馆 CIP 数据核字（2022）第 090045 号

责任编辑：李 洁　　文字编辑：雷洪勤

印　　刷：涿州市京南印刷厂

装　　订：涿州市京南印刷厂

出版发行：电子工业出版社

　　　　　北京市海淀区万寿路 173 信箱　邮编　100036

开　　本：787×1 092　1/16　印张：14.5　字数：372 千字

版　　次：2022 年 6 月第 1 版

印　　次：2022 年 6 月第 1 次印刷

定　　价：75.00 元

前言

"玩转电子设计系列丛书"将会引领读者多方面、多角度进行电子设计。本书是"玩转电子设计系列丛书"之一，是对《用 Proteus 可视化设计玩转 Arduino》一书的有力补充。《用 Proteus 可视化设计玩转 Arduino》以模块化的形式来搭建仿真电路，本书则使用具体的元件来搭建电路，使读者了解电路原理，再提升一个层次。

Multisim 作为当今最优秀的电路设计软件之一，以其界面形象直观、操作方便、分析功能强大、易学易用等特点，深受广大电子设计工作者的喜爱。许多院校已将 Multisim 软件作为电子类课程和教学实验的重要辅助工具。本书主要介绍使用 Multisim 进行电路设计仿真的方法。本书内容涉及 Multisim 软件的基础操作、数字电路的基础知识及仿真、模拟电路的基础知识及仿真、51 系列单片机的应用和 PIC 系列单片机的应用。

全书共 8 章。第 1 章主要讲解 Multisim 软件的基础操作，包含新建工程、放置元器件和元器件间相互连接，使读者对 Multisim 软件有个整体的认知。第 2～第 4 章，主要讲解数字电路的基础知识及仿真，使读者对数字电路基础知识有个基本了解。第 5～第 7 章，主要讲解模拟电路的基础知识及仿真，使读者对模拟电路基础知识有个基本了解。第 8 章主要讲解 51 系列单片机的应用和 PIC 系列单片机的应用，其中流水灯项目主要使读者了解如何对 8051 单片机的引脚进行操作，数码管项目主要使读者了解如何对 PIC16F84A 单片机的引脚进行操作，简易电压表项目主要讲解对 8051 单片机的综合利用，水箱水位控制器项目介绍对 PIC16F84A 单片机的综合利用。学习完本部分后，读者体会电路设计和仿真的思路，为自己 DIY 电路设计打下基础。

本书取材广泛、内容新颖、实用性强，可作为数字电路、模拟电路和单片机电路的入门级教程，对零基础的读者起到抛砖引玉的作用。本书每一个实例仿真章节均配有二维码，读者可以扫描二维码，即可观看仿真视频。本书适合对电子设计感兴趣或参加电子设计竞赛的人员阅读，也可作为高等院校相关专业和职业培训的实验用书。本书所使用的元器件符号均为 Multisim 软件中自带符号，因此与当前最新符号略有不同。

本书顺利完稿离不开广大朋友的支持与帮助。首先，感谢李洁编辑在构思"玩转电子设计系列丛书"的过程中提供的宝贵意见。其次，感谢韩涛、孟宪硕对本书提出宝贵建议。最后，感谢天津科技大学绳宇航和天津科技大学夏初蕾在电子电路技术方面提供的技术支持。当然，更要感谢我的家人，谢谢他们给予我的支持与帮助。

由于作者水平有限，加之时间仓促，书中难免有错误和不足之处，敬请读者批评指正！如若发现问题及错误，请与作者联系（刘波：1422407797@qq.com）。为了更好地向读者提供服务以及方便广大电子爱好者进行交流，读者可以加入技术交流 QQ 群（玩转机器人&电子设计：211503389），也可关注本书作者抖音账号（feizhumingzuojia），作者将不定期进行直播答疑以及电路仿真知识分享。

编著者
2022 年 1 月

<<<<< CONTENTS

目录

第 1 章　Multisim 软件入门介绍

1.1　Multisim 软件简介

Multisim 电路仿真软件是美国国家仪器有限公司推出的仿真工具，具有强大的仿真分析能力，适用于板级的模拟电路板和数字电路板的设计工作，经常应用于电路分析、模拟电路、数字电路、高频电路、RF 电路、电力电子及自控原理等各方面的虚拟仿真。

Multisim 采用可交互式的方式来搭建电路原理图，并对电路进行仿真。Multisim 简化了 SPICE 仿真的复杂内容，从而使用者无须了解 SPICE 技术便可以进行电路仿真。

1.2　Multisim 软件基础菜单

Multisim 的基本界面如图 1-2-1 所示，主要包括标准工具栏、元件栏、主工具栏、探针工具栏、仿真工具栏、视图工具栏、仪器工具栏、设计工具箱、仿真状态栏、电路工作区等。下面将对部分工具栏功能进行详细介绍。

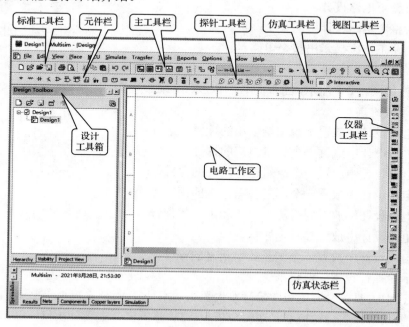

图 1-2-1　Multisim 的基本界面

标准工具栏如图 1-2-2 所示，主要包含新建、打开、打开实例、保存、打印、打印预览、剪切、复制、粘贴、撤销和恢复等按钮。

图 1-2-2　标准工具栏

- 打开"新建设计"对话框，并从中选择用于新设计的模板。
- 打开已存在的设计文件。
- 打开设计实例文件。
- 保存当前设计文件。
- 打印当前设计文件。
- 打印预览当前设计文件。
- 剪切所选择的元素。
- 复制所选择的元素。
- 粘贴所选择的元素。
- 撤销当前操作。
- 恢复当前操作。

仿真工具栏如图 1-2-3 所示，主要包含开始仿真、暂停仿真和停止仿真等按钮。

- 开始运行当前电路仿真。

图 1-2-3　仿真工具栏

- 暂停运行当前电路仿真。
- 停止运行当前电路仿真。

视图工具栏如图 1-2-4 所示，主要包含放大视图、缩小视图、局部放大视图、显示整个设计、全屏显示视图等按钮。

- 放大整个电路设计。
- 缩小整个电路设计。

图 1-2-4　视图工具栏

- 放大整个电路设计中的某个局部。
- 在电路工作区显示出整个电路设计。
- 全屏显示电路设计。

探针工具栏如图 1-2-5 所示，主要包含放大视图、缩小视图、局部放大视图、显示整个设计、全屏显示视图等按钮。

- 在电路设计中放置一个测量电压的探针。
- 在电路设计中放置一个测量电流的探针。

- 在电路设计中放置一个测量组件功耗的探针。

图 1-2-5　探针工具栏

- 在电路设计中放置一个测量参考电压的探针。
- 在电路设计中放置同时测量电流和电压的探针。
- 在电路设计中放置参考电压探针。
- 在电路设计中放置一个测量数字信号的探针。
- 显示"探针设置"对话框。

仪器工具栏中主要包含万用表、信号发生器、功率计、示波器、四通道示波器、波特图仪、频率计、字节生成器、逻辑转换器、逻辑分析仪、IV 分析仪、失真分析仪、频谱分析仪、网络分析仪、安捷伦函数发生器、安捷伦万用表、安捷伦示波器、泰克示波器等按钮。

- 在电路设计中放置一个万用表。
- 在电路设计中放置一个信号发生器。

- 在电路设计中放置一个功率计。
- 在电路设计中放置一个示波器。
- 在电路设计中放置一个四通道示波器。
- 在电路设计中放置一个波特图仪。
- 在电路设计中放置一个频率计。
- 在电路设计中放置一个字节生成器。
- 在电路设计中放置一个逻辑转换器。
- 在电路设计中放置一个逻辑分析仪。
- 在电路设计中放置一个 IV 分析仪。
- 在电路设计中放置一个失真分析仪。
- 在电路设计中放置一个频谱分析仪。
- 在电路设计中放置一个网络分析仪。
- 在电路设计中放置一个安捷伦函数发生器。
- 在电路设计中放置一个安捷伦万用表。
- 在电路设计中放置一个安捷伦示波器。
- 在电路设计中放置一个泰克示波器。

1.3 Multisim 软件基本操作

1.3.1 新建工程

单击 NI Multisim 14.0 图标，启动 Multisim 软件，启动界面如图 1-3-1 所示。Altium Designer 软件启动完毕后，主界面如图 1-3-2 所示，已经包含 1 个工程文件"Design1"。

图 1-3-1 启动界面

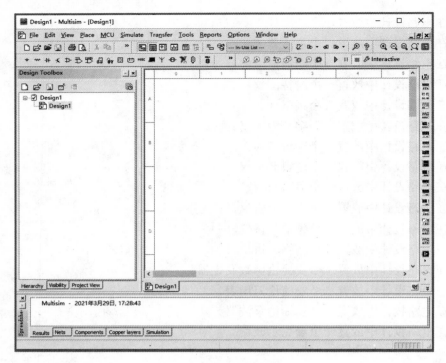

图 1-3-2　启动完毕后

执行 File → Save Ctrl+S 命令，弹出"Save As"对话框，将文件名命名为"Sample.ms14"，选择合适的保存路径，单击"Save As"对话框中的 保存(S) 按钮，即可完成新建工程，此时主界面如图 1-3-3 所示。

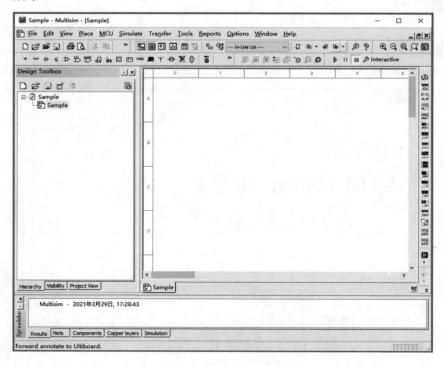

图 1-3-3　完成新建工程后

1.3.2　放置元器件

执行 Place → Component... 命令，弹出"Select a Component"对话框，如图 1-3-4 所示。可以在这个对话框中找寻各种元器件。以电容为例，在"Select a Component"对话框中的"Group:"栏选择"Basic"，"Family:"栏选择"CAPACITOR"，"Component:"栏选择"1μ"，如图 1-3-5 所示。

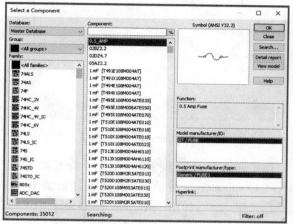

图 1-3-4　"Select a Component"对话框

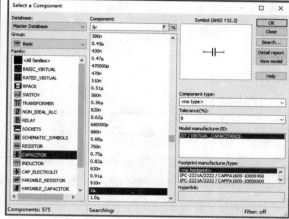

图 1-3-5　选择电容

单击"Select a Component"对话框中的 OK 按钮，即可将电容放置在电路工作区中，如图 1-3-6 所示。右击电容 C1，弹出的快捷菜单如图 1-3-7 所示，选择"Properties"命令，弹出"Capacitor"对话框，可以在此对话中修改标号、引脚、值等参数，如图 1-3-8 和图 1-3-9 所示。

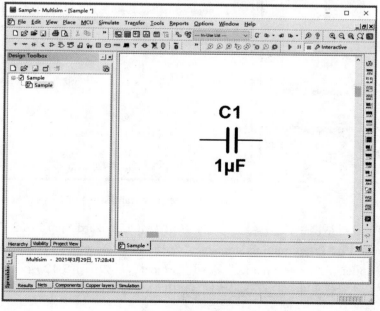

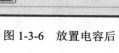

图 1-3-6　放置电容后

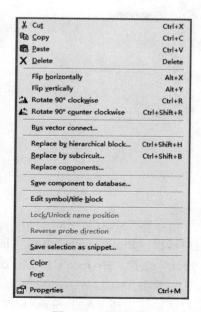

图 1-3-7　快捷菜单

图 1-3-8 "Capacitor" 对话框 1　　　　　　　　图 1-3-9 "Capacitor" 对话框 2

　　至此，电容已经放置完毕。MCU 类元件与电容元件放置的方法稍有不同。下面放置 MCU 类元件，执行 Place → Component... 命令，弹出 "Select a Component" 对话框，参数选择如图 1-3-10 所示。单击 "Select a Component" 对话框中的 OK 按钮，自动弹出 "MCU Wizard-Step 1 of 3" 对话框，存储路径选择 "F:\book\玩转电子设计\Multisim\project\1\"，命名为 "51"，如图 1-3-11 所示。

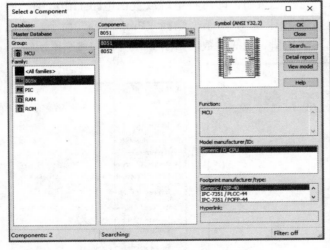
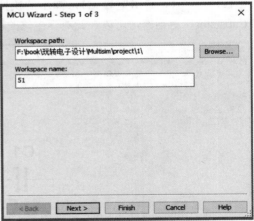

图 1-3-10 选择 8051　　　　　　　　图 1-3-11 "MCU Wizard-Step 1 of 3" 对话框

　　单击 "MCU Wizard-Step 1 of 3" 对话框中的 Next > 按钮，弹出 "MCU Wizard-Step 2 of 3" 对话框，"Project type:" 选择 "Standard"，"Programming language:" 选择 "C"，"Assembler/compiler tool:" 选择 "Hi-Tech C51-Lite compiler"，"Project name:" 选择 "project1"，如图 1-3-12 所示。

　　单击 "MCU Wizard-Step 2 of 3" 对话框中的 Next > 按钮，弹出 "MCU Wizard-Step 3 of 3" 对话框，选择 "Add source file" 单选按钮，如图 1-3-13 所示。

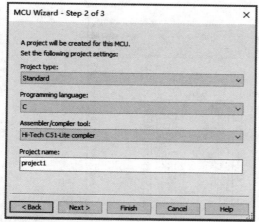

图 1-3-12　"MCU Wizard-Step 2 of 3" 对话框

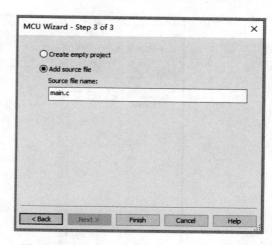

图 1-3-13　"MCU Wizard-Step 3 of 3" 对话框

单击 "MCU Wizard-Step 3 of 3" 对话框中的 Finish 按钮，即可将 8051 单片机放置在电路工作区中，如图 1-3-14 所示。

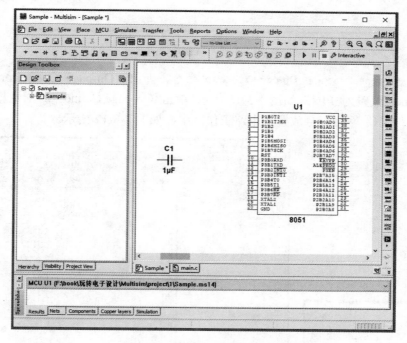

图 1-3-14　放置 8051 单片机后

🐞 小提示

◎ 读者可自行练习放置其他元器件。

1.3.3　元器件间相互连接

执行 Place → Wire 命令，选中电容 C1 的一个引脚，再选中 8051 单片机的一个引脚，即可完成连接，如图 1-3-15 所示。

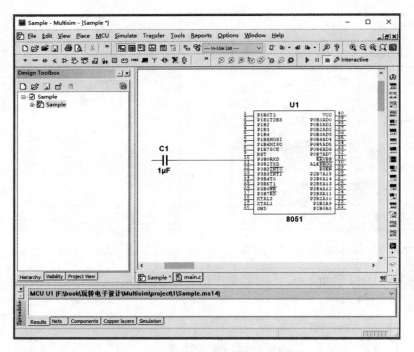

图 1-3-15　直接连接后

执行 <u>P</u>lace → <u>C</u>onnectors → ⚲ On-page connector 命令，弹出 "On-page Connector" 对话框，将 "Connector name:" 设置为 "PIN"，如图 1-3-16 所示。单击 "On-page Connector" 对话框中的 <u>OK</u> 按钮，即可将 "PIN" 网络标号放置在电路工作区中，如图 1-3-17 所示。

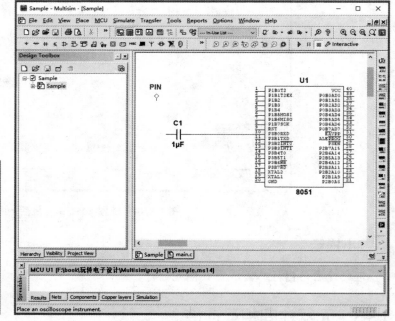

图 1-3-16　"On-page Connector" 对话框　　　　　图 1-3-17　放置网络标号后

执行 <u>P</u>lace → <u>W</u>ire 命令，将 "PIN" 网络标号和电容连接起来，如图 1-3-18 所示。

执行 <u>P</u>lace → <u>C</u>onnectors → ⚲ On-page connector 命令，自动弹出 "On-page Connector" 对话框，

将"Connector name:"设置为"PIN",单击"On-page Connector"对话框中的 ▭OK▭ 按钮,将"PIN"网络标号放置在电路工作区中,执行 Place → Wire 命令,将"PIN"网络标号和 8051 单片机连接起来,如图 1-3-19 所示。这两个方法均可完成元器件间相互连接。

小提示

◎ 读者可自行练习放置其他元器件。

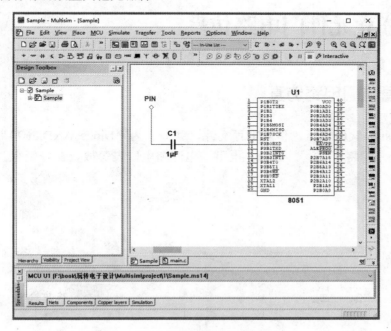

图 1-3-18　将网络标号与电容相连

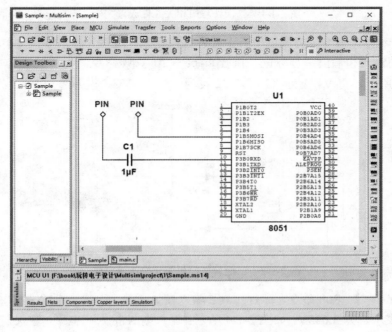

图 1-3-19　将网络标号与 8051 单片机相连

第 2 章 逻辑门电路仿真

2.1 分立元件门电路仿真

2.1.1 二极管与门电路仿真

启动 Multisim 软件，新建仿真工程文件，并命名为"Diode_AND.ms14"。执行 Place → Component... 命令，将开关、二极管、电阻、电源和电压表等放置在图纸上，放置完毕后如图 2-1-1 所示。

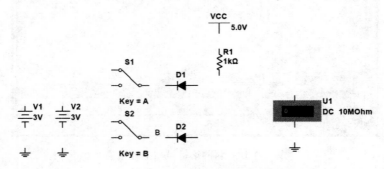

图 2-1-1 二极管与门相关元件放置完毕

执行 Place → Wire 命令，将图纸中各个元件连接起来，连接完毕后如图 2-1-2 所示。为了方便对与门电路的输入和输出进行标记，执行 Place → A Text 命令，为其放置文本。文本放置完毕后如图 2-1-3 所示，将 V1 设为"3V"，V2 设为"3V"，VCC 设为"5.0V"。

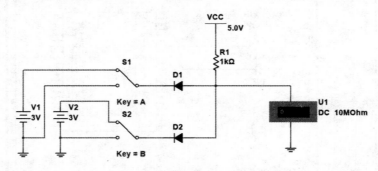

图 2-1-2 二极管与门相关元件连接完毕

执行 Simulate → ▶ Run 命令，运行仿真。输入端 A 接入高电平，输入端 B 接入高电平，输出端 Y 的电压表示数为 3.645V，如图 2-1-4 所示；输入端 A 接入高电平，输入端 B 接入低电平，输出端 Y 的电压表示数为 0.693V，如图 2-1-5 所示；输入端 A 接入低电平，输入端 B 接入低电平，输出端 Y 的电压表示数为 0.675V，如图 2-1-6 所示；输入端 A 接入低电平，输入端 B 接入高电平，输出端 Y 的电压表示数为 0.693V，如图 2-1-7 所示。

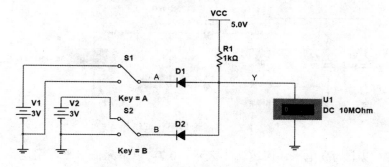

图 2-1-3   二极管与门文本放置完毕

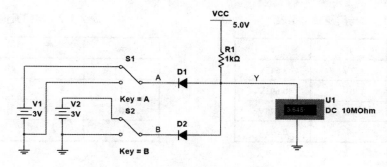

图 2-1-4   二极管与门仿真结果 1

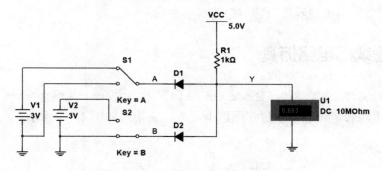

图 2-1-5   二极管与门仿真结果 2

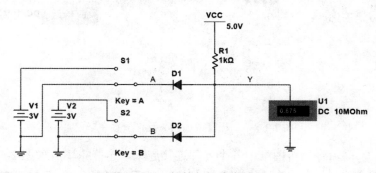

图 2-1-6   二极管与门仿真结果 3

图 2-1-7 二极管与门仿真结果 4

如果规定 3V 以上为高电平，用逻辑 1 表示，0.7V 以下为低电平，用逻辑 0 表示，则可将表 2-1-1 改写成如表 2-1-2 所示的真值表，即 Y 与 A、B 之间是与逻辑关系。

表 2-1-1 与门逻辑电平表

A	B	Y
3V	3V	3.645V
3V	0V	0.693V
0V	0V	0.675V
0V	3V	0.693V

表 2-1-2 与门真值表

A	B	Y
1	1	1
1	0	0
0	0	0
0	1	0

 小提示

◎ 扫描右侧二维码可观看二极管与门仿真小视频。

2.1.2 二极管或门电路仿真

新建仿真工程文件，并命名为"Diode_OR.ms14"。执行 Place → Component... 命令，将开关、二极管、电阻、电源和电压表等放置在图纸上，放置完毕后如图 2-1-8 所示。

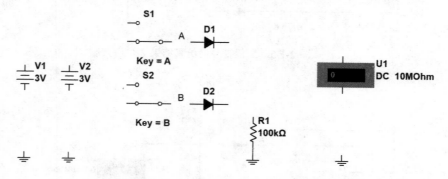

图 2-1-8 二极管或门相关元件放置完毕

执行 Place → Wire 命令，将图纸中各个元件连接起来，连接完毕后如图 2-1-9 所示。为了方便对或门电路的输入和输出进行标记，执行 Place → A Text 命令，为其放置文本。文本放置完毕后如图 2-1-10 所示，将 V1 设为"3V"，V2 设为"3V"。

执行 Simulate → ▶ Run 命令，运行仿真。输入端 A 接入高电平，输入端 B 接入高电平，输出端 Y 的电压表示数为 2.458V，如图 2-1-11 所示；输入端 A 接入高电平，输入端 B 接入低电平，输出端 Y 的电压表示数为 2.441V，如图 2-1-12 所示；输入端 A 接入低电平，输入端 B 接入低电平，输出端 Y 的电压表示数为 0V，如图 2-1-13 所示；输入端 A 接入低电平，输入端 B 接入高电平，输出端 Y 的电压表示数为 2.441V，如图 2-1-14 所示。

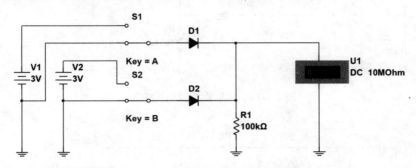

图 2-1-9　二极管或门相关元件连接完毕

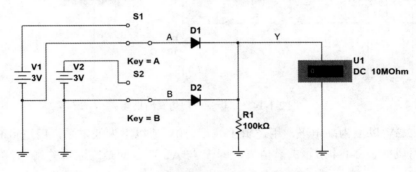

图 2-1-10　二极管或门文本放置完毕

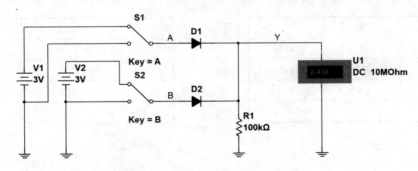

图 2-1-11　二极管或门仿真结果 1

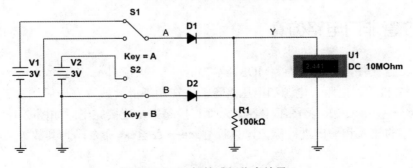

图 2-1-12　二极管或门仿真结果 2

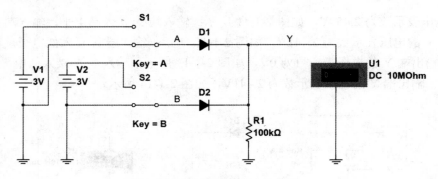

图 2-1-13 二极管或门仿真结果 3

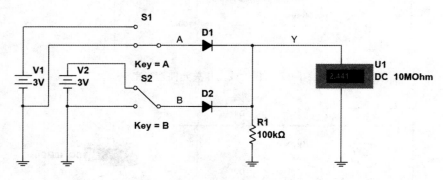

图 2-1-14 二极管或门仿真结果 4

如果规定 2.3V 以上为高电平，用逻辑 1 表示，0V 或以下为低电平，用逻辑 0 表示，则可将表 2-1-3 改写成如表 2-1-4 所示的真值表，即 Y 与 A、B 之间是或逻辑关系。

<table>
<tr><td colspan="3">表 2-1-3 或门逻辑电平表</td></tr>
<tr><td>A</td><td>B</td><td>Y</td></tr>
<tr><td>3V</td><td>3V</td><td>2.458V</td></tr>
<tr><td>3V</td><td>0V</td><td>2.441V</td></tr>
<tr><td>0V</td><td>0V</td><td>0V</td></tr>
<tr><td>0V</td><td>3V</td><td>2.441V</td></tr>
</table>

<table>
<tr><td colspan="3">表 2-1-4 或门真值表</td></tr>
<tr><td>A</td><td>B</td><td>Y</td></tr>
<tr><td>1</td><td>1</td><td>1</td></tr>
<tr><td>1</td><td>0</td><td>1</td></tr>
<tr><td>0</td><td>0</td><td>0</td></tr>
<tr><td>0</td><td>1</td><td>1</td></tr>
</table>

小提示

◎ 扫描右侧二维码可观看二极管或门仿真小视频。

2.1.3 MOS 管非门电路仿真

新建仿真工程文件，并命名为 "MOS_NOT.ms14"。执行 Place → Component... 命令，将开关、MOS 管、二极管、电阻、电源和电压表等放置在图纸上，放置完毕后如图 2-1-15 所示。

执行 Place → Wire 命令，将图纸中各个元件连接起来，连接完毕后如图 2-1-16 所示。为了方便对非门电路的输入和输出进行标记，执行 Place → A Text 命令，为其放置文本。文本放置完毕后如图 2-1-17 所示，将 V1 设为 "5V"。

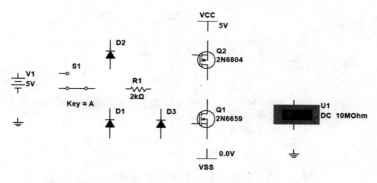

图 2-1-15　MOS 管非门相关元件放置完毕

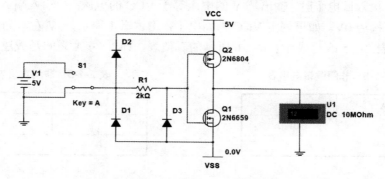

图 2-1-16　MOS 管非门相关元件连接完毕

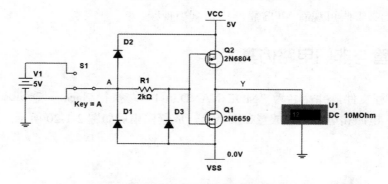

图 2-1-17　MOS 管非门文本放置完毕

执行 Simulate → ▶ Run 命令，运行仿真。输入端 A 接入高电平，输出端 Y 的电压表示数为 0.017μV，如图 2-1-18 所示；输入端 A 接入低电平，输出端 Y 的电压表示数为 5V，如图 2-1-19 所示。

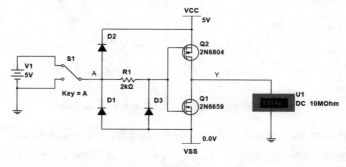

图 2-1-18　MOS 管非门仿真结果 1

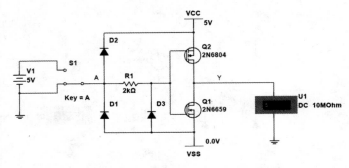

图 2-1-19　MOS 管非门仿真结果 2

当输入端 A 接入低电平时，输出端 Y 的电压等于 VCC 的电压；当输入端 A 接入高电平时，输出端 Y 的电压接近 0V。如果规定 VCC 为高电平，用逻辑 1 表示，0V 左右为低电平，用逻辑 0 表示，则可将表 2-1-5 改写成如表 2-1-6 所示的真值表，即 Y 与 A 之间是或逻辑关系。

表 2-1-5　非门逻辑电平表

A	Y
5V	0.017μV
0V	5V

表 2-1-6　非门真值表

A	Y
1	0
0	1

小提示

◎ 扫描右侧二维码可观看 MOS 管非门仿真小视频。

2.1.4　MOS 管与非门电路仿真

新建仿真工程文件，并命名为 "MOS_NAND.ms14"。执行 <u>P</u>lace → <u>C</u>omponent... 命令，将开关、MOS 管、电源和电压表等放置在图纸上，放置完毕后如图 2-1-20 所示。

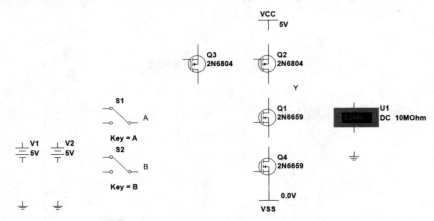

图 2-1-20　MOS 管与非门相关元件放置完毕

执行 <u>P</u>lace → <u>W</u>ire 命令，将图纸中各个元件连接起来，连接完毕后如图 2-1-21 所示。为了方便对与非门电路的输入和输出进行标记，执行 <u>P</u>lace → **A** <u>T</u>ext 命令，为其放置文本。文本放置完毕后如图 2-1-22 所示，将 V1 设为 "5V"，V2 设为 "5V"。

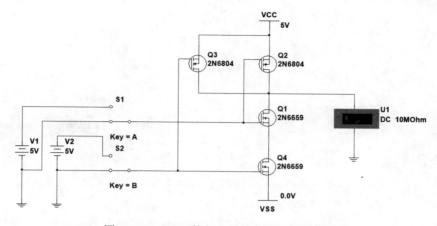

图 2-1-21　MOS 管与非门相关元件连接完毕

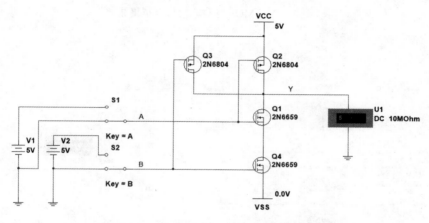

图 2-1-22　MOS 管与非门文本放置完毕

　　执行 <u>S</u>imulate → ▶ <u>R</u>un 命令，运行仿真。输入端 A 接入高电平，输入端 B 接入高电平，输出端 Y 的电压表示数为 0.068μV，如图 2-1-23 所示；输入端 A 接入高电平，输入端 B 接入低电平，输出端 Y 的电压表示数为 5V，如图 2-1-24 所示；输入端 A 接入低电平，输入端 B 接入低电平，输出端 Y 的电压表示数为 5V，如图 2-1-25 所示；输入端 A 接入低电平，输入端 B 接入高电平，输出端 Y 的电压表示数为 5V，如图 2-1-26 所示。

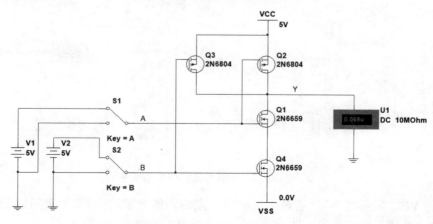

图 2-1-23　MOS 管与非门仿真结果 1

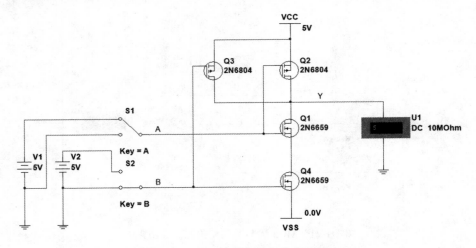

图 2-1-24　MOS 管与非门仿真结果 2

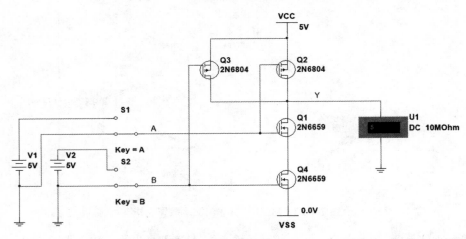

图 2-1-25　MOS 管与非门仿真结果 3

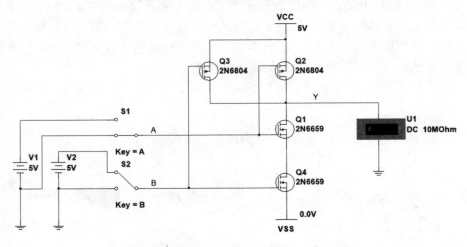

图 2-1-26　MOS 管与非门仿真结果 4

　　如果规定 VCC 为高电平，用逻辑 1 表示，0V 左右为低电平，用逻辑 0 表示，则可将表 2-1-7 改写成如表 2-1-8 所示的真值表，即 Y 与 A、B 之间是与非逻辑关系。

表 2-1-7　与非门逻辑电平表

A	B	Y
5V	5V	0.068μV
5V	0V	5V
0V	0V	5V
0V	5V	5V

表 2-1-8　与非门真值表

A	B	Y
1	1	0
1	0	1
0	0	1
0	1	1

小提示

◎　扫描右侧二维码可观看 MOS 管与非门仿真小视频。

2.1.5　MOS 管或非门电路仿真

新建仿真工程文件，并命名为"MOS_NOR.ms14"。执行 Place → Component... 命令，将开关、MOS 管、电源和电压表等符号放置在图纸上，放置完毕后如图 2-1-27 所示。

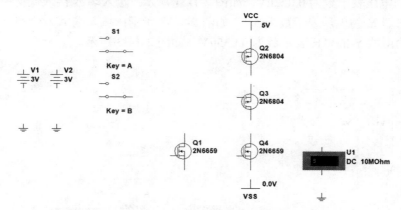

图 2-1-27　MOS 管或非门相关元件放置完毕

执行 Place → Wire 命令，将图纸中各个元件连接起来，连接完毕后如图 2-1-28 所示。为了方便对或非门电路的输入和输出进行标记，执行 Place → A Text 命令，为其放置文本。文本放置完毕后如图 2-1-29 所示，将 V1 设为"3V"，V2 设为"3V"。

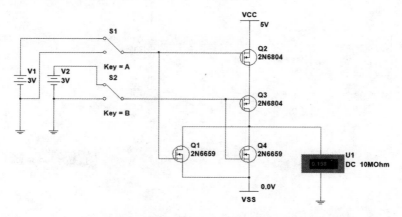

图 2-1-28　MOS 管或非门相关元件连接完毕

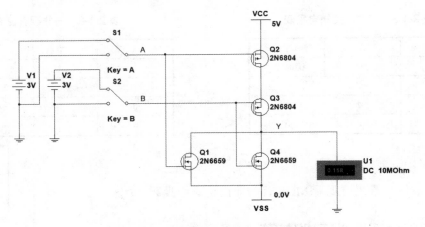

图 2-1-29　MOS 管或非门文本放置完毕

执行 <u>Simulate</u> → ▶ <u>Run</u> 命令，运行仿真。输入端 A 接入高电平，输入端 B 接入高电平，输出端 Y 的电压表示数为 0.011μV，如图 2-1-30 所示；输入端 A 接入高电平，输入端 B 接入低电平，输出端 Y 的电压表示数为 0.022μV，如图 2-1-31 所示；输入端 A 接入低电平，输入端 B 接入低电平，输出端 Y 的电压表示数为 5V，如图 2-1-32 所示；输入端 A 接入低电平，输入端 B 接入高电平，输出端 Y 的电压表示数为 0.035μV，如图 2-1-33 所示。

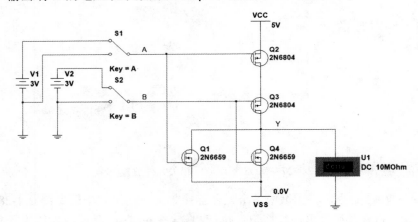

图 2-1-30　MOS 管或非门仿真结果 1

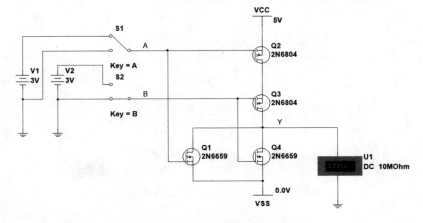

图 2-1-31　MOS 管或非门仿真结果 2

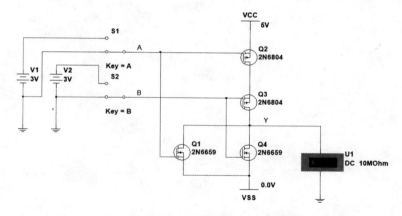

图 2-1-32　MOS 管或非门仿真结果 3

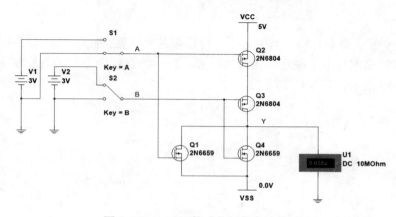

图 2-1-33　MOS 管或非门仿真结果 4

如果规定 VCC 为高电平，用逻辑 1 表示，0V 左右为低电平，用逻辑 0 表示，则可将表 2-1-9 改写成如表 2-1-10 所示的真值表，即 Y 与 A、B 之间是或非逻辑关系。

<table>
<tr><td colspan="3">表 2-1-9　或非门逻辑电平表</td></tr>
<tr><th>A</th><th>B</th><th>Y</th></tr>
<tr><td>3V</td><td>3V</td><td>0.011μV</td></tr>
<tr><td>3V</td><td>0V</td><td>0.022μV</td></tr>
<tr><td>0V</td><td>0V</td><td>5V</td></tr>
<tr><td>0V</td><td>3V</td><td>0.035μV</td></tr>
</table>

<table>
<tr><td colspan="3">表 2-1-10　或非门真值表</td></tr>
<tr><th>A</th><th>B</th><th>Y</th></tr>
<tr><td>1</td><td>1</td><td>0</td></tr>
<tr><td>1</td><td>0</td><td>0</td></tr>
<tr><td>0</td><td>0</td><td>1</td></tr>
<tr><td>0</td><td>1</td><td>0</td></tr>
</table>

 小提示

◎　扫描右侧二维码可观看 MOS 管或非门仿真小视频。

2.1.6　BJT 非门电路仿真

新建仿真工程文件，并命名为"BJT_NOT.ms14"。执行 Place → Component... 命令，将开关、三极管、二极管、电阻、电源和电压表等放置在图纸上，放置完毕后如图 2-1-34 所示。

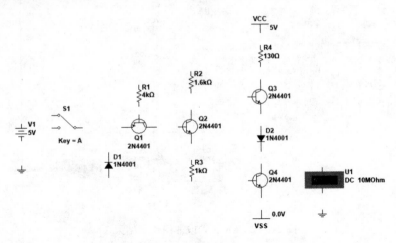

图 2-1-34　BJT 非门相关元件放置完毕

　　执行 <u>P</u>lace → <u>W</u>ire 命令，将图纸中各个元件连接起来，连接完毕后如图 2-1-35 所示。为了方便对非门电路的输入和输出进行标记，执行 <u>P</u>lace → **A** Text 命令，为其放置文本。文本放置完毕后如图 2-1-36 所示，将 V1 设为"5V"。

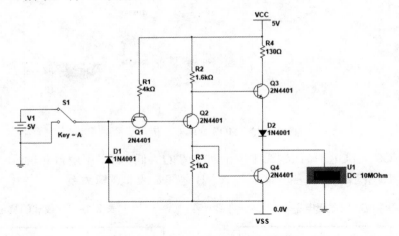

图 2-1-35　BJT 非门相关元件连接完毕

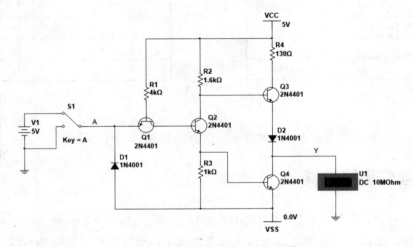

图 2-1-36　BJT 非门文本放置完毕

执行 <u>Simulate</u> → ▶ <u>Run</u> 命令，运行仿真。输入端 A 接入高电平，输出端 Y 的电压表示数为 0.018V，如图 2-1-37 所示；输入端 A 接入低电平，输出端 Y 的电压表示数为 4.431V，如图 2-1-38 所示。

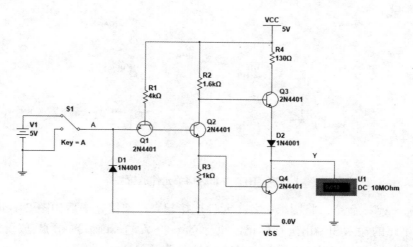

图 2-1-37　BJT 非门仿真结果 1

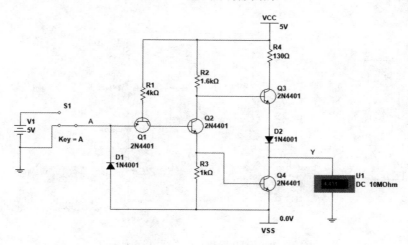

图 2-1-38　BJT 非门仿真结果 2

当输入端 A 接入低电平时，输出端 Y 的电压约等于 VCC 的电压；当输入端 A 接入高电平时，输出端 Y 的电压接近 0V。如果规定 VCC 为高电平，用逻辑 1 表示，0V 左右为低电平，用逻辑 0 表示，则 Y 与 A 之间是或逻辑关系。

📎 小提示

◎ 扫描右侧二维码可观看 BJT 非门仿真小视频。

2.1.7　BJT 与非门电路仿真

新建仿真工程文件，并命名为"BJT_NAND.ms14"。执行 <u>Place</u> → <u>Component...</u> 命令，将开关、MOS 管、电阻、电源和电压表等放置在图纸上，放置完毕后如图 2-1-39 所示。

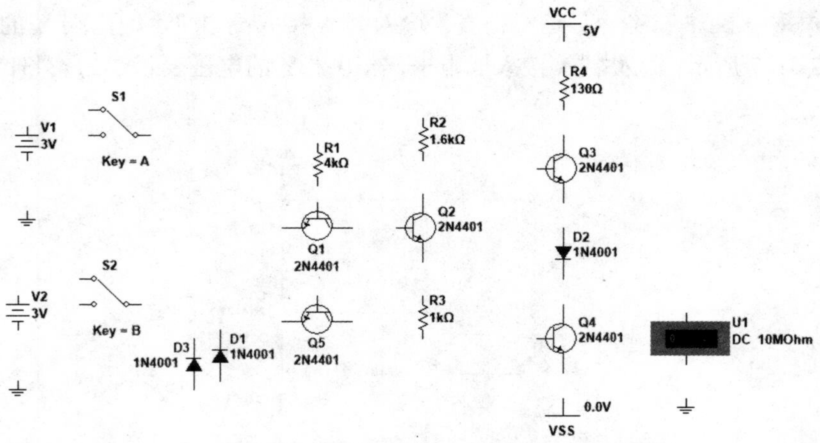

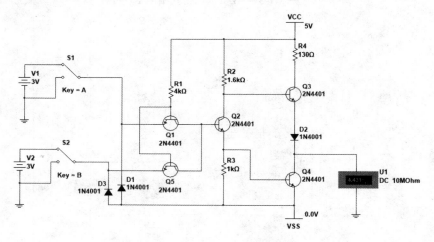

图 2-1-39 BJT 与非门相关元件放置完毕

执行 Place → Wire 命令，将图纸中各个元件连接起来，连接完毕后如图 2-1-40 所示。为了方便对与非门电路的输入和输出进行标记，执行 Place → A Text 命令，为其放置文本。文本放置完毕后如图 2-1-41 所示，将 V1 设为 "3V"，V2 设为 "3V"。

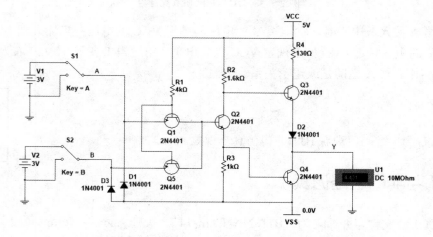

图 2-1-40 BJT 与非门相关元件连接完毕

图 2-1-41 BJT 与非门文本放置完毕

执行 <u>S</u>imulate → ▶ <u>R</u>un 命令，运行仿真。输入端 A 接入高电平，输入端 B 接入高电平，输出端 Y 的电压表示数为 0.018V，如图 2-1-42 所示；输入端 A 接入高电平，输入端 B 接入低电平，输出端 Y 的电压表示数为 4.431V，如图 2-1-43 所示；输入端 A 接入低电平，输入端 B 接入低电平，输出端 Y 的电压表示数为 4.431V，如图 2-1-44 所示；输入端 A 接入低电平，输入端 B 接入高电平，输出端 Y 的电压表示数为 4.431V，如图 2-1-45 所示。

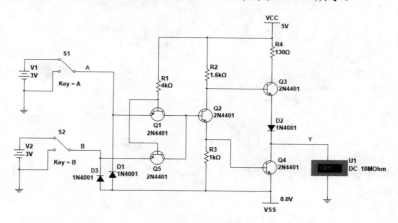

图 2-1-42　BJT 与非门仿真结果 1

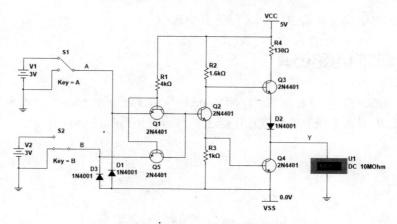

图 2-1-43　BJT 与非门仿真结果 2

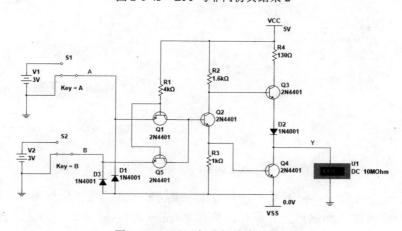

图 2-1-44　BJT 与非门仿真结果 3

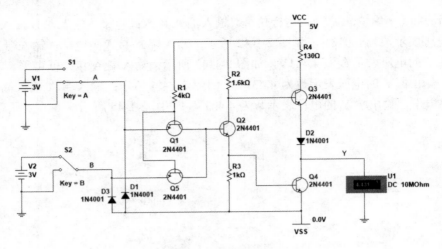

图 2-1-45 BJT 与非门仿真结果 4

如果规定近似 VCC 为高电平，用逻辑 1 表示，0V 左右为低电平，用逻辑 0 表示，则 Y 与 A、B 之间是与非逻辑关系。

小提示

◎ 扫描右侧二维码可观看 BJT 与非门仿真小视频。

2.1.8 BJT 或非门电路仿真

新建仿真工程文件，并命名为"BJT_NOR.ms14"。执行 Place → Component... 命令，将开关、MOS 管、电阻、电源和电压表等放置在图纸上，放置完毕后如图 2-1-46 所示。

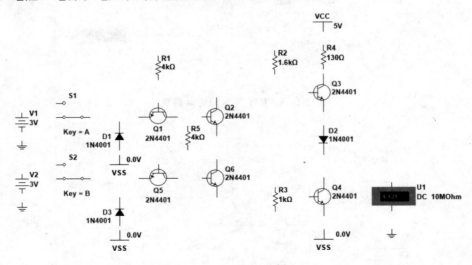

图 2-1-46 BJT 或非门相关元件放置完毕

执行 Place → Wire 命令，将图纸中各个元件连接起来，连接完毕后如图 2-1-47 所示。为了方便对或非门电路的输入和输出进行标记，执行 Place → A Text 命令，为其放置文本。文本放置完毕后如图 2-1-48 所示，将 V1 设为"3V"，V2 设为"3V"。

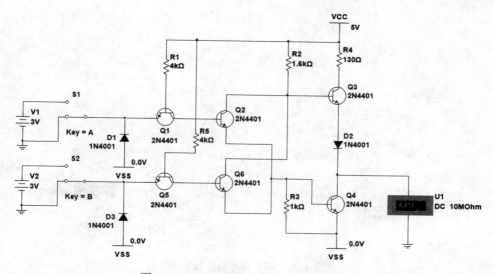

图 2-1-47 BJT 或非门相关元件连接完毕

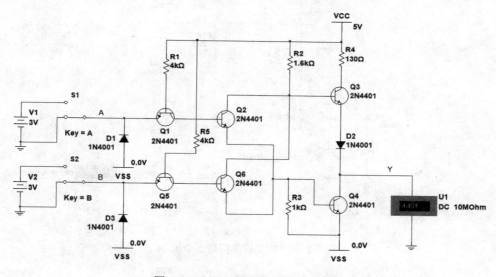

图 2-1-48 BJT 或非门文本放置完毕

执行 <u>Simulate</u> → ▶ <u>Run</u> 命令，运行仿真。输入端 A 接入高电平，输入端 B 接入高电平，输出端 Y 的电压表示数为 0.018V，如图 2-1-49 所示；输入端 A 接入高电平，输入端 B 接入低电平，输出端 Y 的电压表示数为 0.018V，如图 2-1-50 所示；输入端 A 接入低电平，输入端 B 接入低电平，输出端 Y 的电压表示数为 4.431V，如图 2-1-51 所示；输入端 A 接入低电平，输入端 B 接入高电平，输出端 Y 的电压表示数为 0.018V，如图 2-1-52 所示。

如果规定接近 VCC 为高电平，用逻辑 1 表示，0V 左右为低电平，用逻辑 0 表示，则 Y 与 A、B 之间是或非逻辑关系。

小提示

◎ 扫描右侧二维码可观看 BJT 或非门仿真小视频。

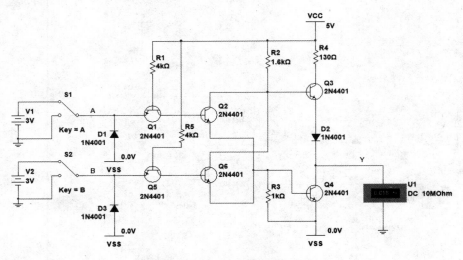

图 2-1-49　BJT 或非门仿真结果 1

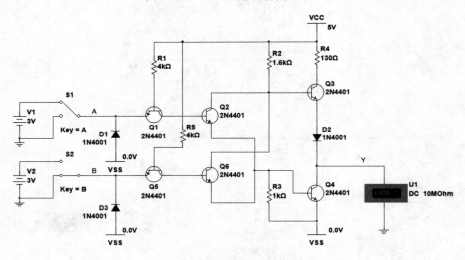

图 2-1-50　BJT 或非门仿真结果 2

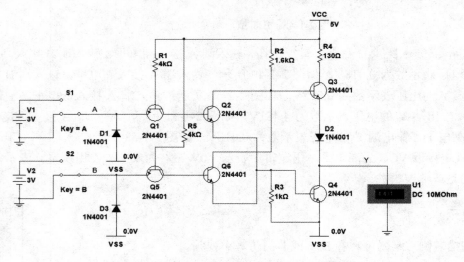

图 2-1-51　BJT 或非门仿真结果 3

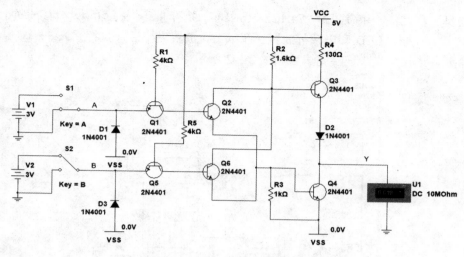

图 2-1-52　BJT或非门仿真结果 4

2.2　集成芯片门电路仿真

2.2.1　74HC245 芯片仿真

　　74HC245 芯片是典型的 CMOS 型三态缓冲门电路，具有 8 路接收信号和 8 路发射信号。虽然单片机的端口均有一定的负载能力，但如果负载超过其负载能力，一般需要外加驱动器。74HC245 芯片引脚示意图如图 2-2-1 所示。当"~G"引脚为高电平时，输入引脚和输出引脚均为高阻态；当"~G"引脚为低电平、"DIR"引脚为低电平时，"B1"引脚、"B2"引脚、"B3"引脚、"B4"引脚、"B5"引脚、"B6"引脚、"B7"引脚和"B8"引脚作为输入引脚，"A1"引脚、"A2"引脚、"A3"引脚、"A4"引脚、"A5"引脚、"A6"引脚、"A7"引脚和"A8"引脚作为输出引脚；当"~G"引脚为低电平、"DIR"引脚为高电平时，"B1"引脚、"B2"引脚、"B3"引脚、"B4"引脚、"B5"引脚、"B6"引脚、"B7"引脚和"B8"引脚作为输出引脚，"A1"引脚、"A2"引脚、"A3"引脚、"A4"引脚、"A5"引脚、"A6"引脚、"A7"引脚和"A8"引脚作为输入引脚。

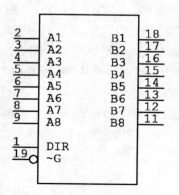

图 2-2-1　74HC245 芯片引脚示意图

新建仿真工程文件，并命名为"74HC245.ms14"。执行 Place → Component... 命令，将开关、74HC245 芯片、电阻、LED 和电源等放置在图纸上，放置完毕后，执行 Place → Wire 命令，将图纸中各个元件连接起来，连接完毕后如图 2-2-2 所示。

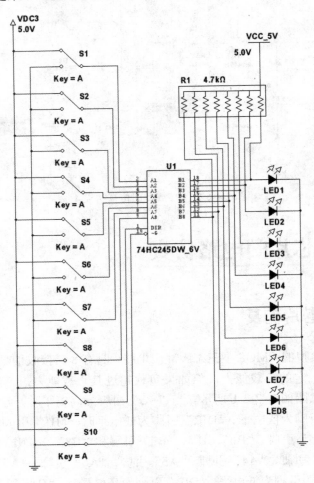

图 2-2-2　74HC245 芯片仿真电路

执行 Simulate → ▶ Run 命令，运行仿真。由仿真结果可见：当"~G"引脚为低电平、"DIR"引脚为高电平时，"A1"引脚、"A2"引脚、"A3"引脚、"A4"引脚、"A5"引脚、"A6"引脚、"A7"引脚和"A8"引脚均接入高电平，LED1、LED2、LED3、LED4、LED5、LED6、LED7和 LED8 均亮起，证明"B1"引脚、"B2"引脚、"B3"引脚、"B4"引脚、"B5"引脚、"B6"引脚、"B7"引脚和"B8"引脚输出电平为高电平，如图 2-2-3 所示。

当"~G"引脚为低电平、"DIR"引脚为高电平时，"A1"引脚、"A2"引脚、"A3"引脚、"A4"引脚、"A5"引脚、"A6"引脚、"A7"引脚和"A8"引脚均接入低电平，LED1、LED2、LED3、LED4、LED5、LED6、LED7 和 LED8 均熄灭，证明"B1"引脚、"B2"引脚、"B3"引脚、"B4"引脚、"B5"引脚、"B6"引脚、"B7"引脚和"B8"引脚输出电平为低电平，如图 2-2-4 所示。

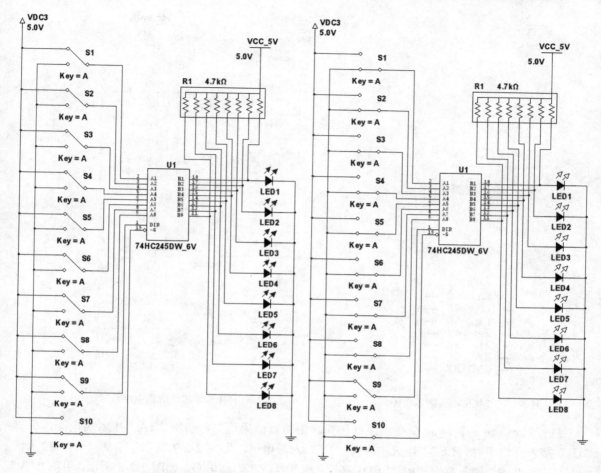

图 2-2-3　74HC245 芯片电路仿真结果 1　　　　图 2-2-4　74HC245 芯片电路仿真结果 2

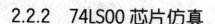小提示

◎ 扫描右侧二维码可观看 74HC245 芯片电路仿真小视频。

◎ 读者可自行仿真其他情况。

2.2.2　74LS00 芯片仿真

74LS00 芯片为四组 2 输入端与非门芯片，引脚示意图如图 2-2-5 所示。"1Y"引脚与"1A"引脚、"1B"引脚之间为与非逻辑关系；"2Y"引脚与"2A"引脚、"2B"引脚之间为与非逻辑关系；"3Y"引脚与"3A"引脚、"3B"引脚之间为与非逻辑关系；"4Y"引脚与"4A"引脚、"4B"引脚之间为与非逻辑关系。

新建仿真工程文件，并命名为"74LS00.ms14"。执行 Place → Component... 命令，将开关、74LS00 芯片、电阻、LED 和电源等放置在图纸上，放置完毕后，执行 Place → Wire 命令，将图纸中各个元件连接起来，连接完毕后，执行 Place → A Text 命令，为其放置文本。文本放置完毕后如图 2-2-6 所示。

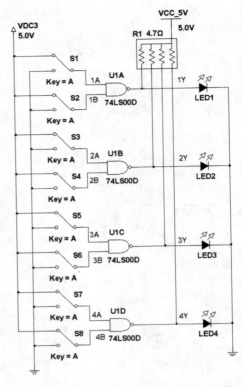

1A	VCC
1B	4A
1Y	4B
2A	4Y
2B	3A
2Y	3B
GND	3Y

图 2-2-5　74LS00 引脚示意图　　　　　图 2-2-6　74LS00 芯片仿真电路

执行 <u>S</u>imulate → ▶ <u>R</u>un 命令，运行仿真。由仿真结果可见：引脚"1A"接入高电平，引脚"1B"接入高电平时，LED1 熄灭，引脚"1Y"为低电平，如图 2-2-7 所示；引脚"1A"接入低电平、引脚"1B"接入高电平时，LED1 亮起，引脚"1Y"为高电平，如图 2-2-8 所示；引脚"1A"接入低电平、引脚"1B"接入低电平时，LED1 亮起，引脚"1Y"为高电平，如图 2-2-9 所示；引脚"1A"接入高电平、引脚"1B"接入低电平时，LED1 亮起，引脚"1Y"为高电平，如图 2-2-10 所示。

当引脚"2A"接入高电平、引脚"2B"接入高电平时，LED2 熄灭，引脚"2Y"为低电平；引脚"2A"接入低电平、引脚"2B"接入高电平时，LED2 亮起，引脚"2Y"为高电平；当引脚"2A"接入低电平、引脚"2B"接入低电平时，LED2 亮起，引脚"2Y"为高电平；当引脚"2A"接入高电平、引脚"2B"接入低电平时，LED2 亮起，引脚"2Y"为高电平。

当引脚"3A"接入高电平、引脚"3B"接入高电平时，LED3 熄灭，引脚"3Y"为低电平；当引脚"3A"接入低电平、引脚"3B"接入高电平时，LED3 亮起，引脚"3Y"为高电平；当引脚"3A"接入低电平、引脚"3B"接入低电平时，LED3 亮起，引脚"3Y"为高电平；当引脚"3A"接入高电平、引脚"3B"接入低电平时，LED3 亮起，引脚"3Y"为高电平。

当引脚"4A"接入高电平、引脚"4B"接入高电平时，LED4 熄灭，引脚"4Y"为低电平；当引脚"4A"接入低电平、引脚"4B"接入低电平时，LED4 亮起，引脚"4Y"为高电平；当引脚"4A"接入低电平、引脚"4B"接入低电平时，LED4 亮起，引脚"4Y"为高电平；当引脚"4A"接入高电平、引脚"4B"接入低电平时，LED4 亮起，引脚"4Y"为高电平。

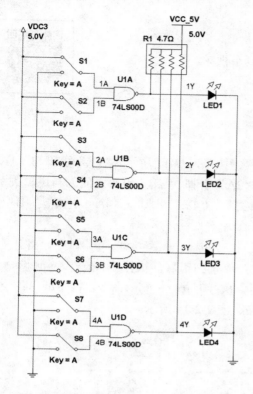

图 2-2-7　74LS00 芯片 U1A 仿真结果 1

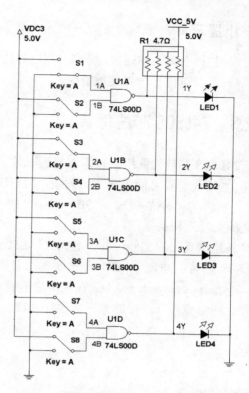

图 2-2-8　74LS00 芯片 U1A 仿真结果 2

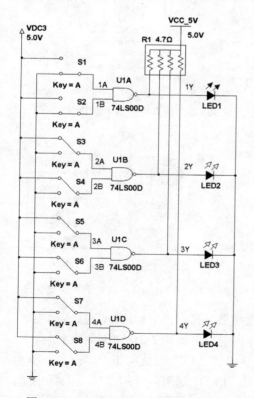

图 2-2-9　74LS00 芯片 U1A 仿真结果 3

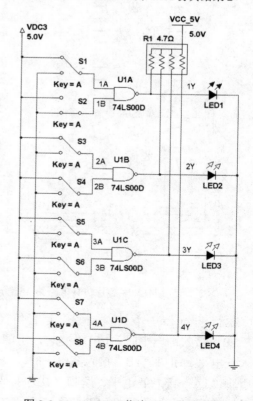

图 2-2-10　74LS00 芯片 U1A 仿真结果 4

🔲 **小提示**

◎ 扫描右侧二维码可观看 74LS00 芯片电路仿真小视频。

◎ 读者可自行仿真其他情况。

2.2.3 74LS08 芯片仿真

74LS08 芯片为四组 2 输入端与门芯片，引脚示意图如图 2-2-11 所示。"1Y"引脚与"1A"引脚、"1B"引脚之间为与逻辑关系；"2Y"引脚与"2A"引脚、"2B"引脚之间为与逻辑关系；"3Y"引脚与"3A"引脚、"3B"引脚之间为与逻辑关系；"4Y"引脚与"4A"引脚、"4B"引脚之间为与逻辑关系。

新建仿真工程文件，并命名为"74LS08.ms14"。执行 Place → Component... 命令，将开关、74LS08 芯片、电阻、LED 和电源等放置在图纸上，放置完毕后，执行 Place → Connectors → 合 On-page connector 命令，在图纸中放置网络标号。执行 Place → Wire 命令，将图纸中各个元件和"网络标号"连接起来，如图 2-2-12、图 2-2-13、图 2-2-14 所示。

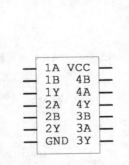

图 2-2-11 74LS08 引脚示意图

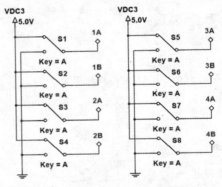

图 2-2-12 74LS08 芯片仿真电路第 1 部分

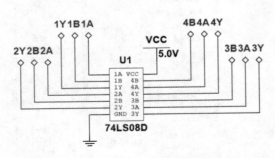

图 2-2-13 74LS08 芯片仿真电路第 2 部分

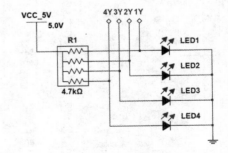

图 2-2-14 74LS08 芯片仿真电路第 3 部分

执行 Simulate → ▶ Run 命令，运行仿真。由仿真结果可见：当引脚"1A"接入高电平、引脚"1B"接入高电平时，LED1 亮起，引脚"1Y"为高电平，如图 2-2-15 所示；当引脚"1A"接入低电平、引脚"1B"接入高电平时，LED1 熄灭，引脚"1Y"为低电平，如图 2-2-16 所示；当引脚"1A"接入低电平、引脚"1B"接入低电平时，LED1 熄灭，引脚"1Y"为低电平，如图 2-2-17 所示；当引脚"1A"接入高电平、引脚"1B"接入低电平时，LED1 熄灭，引脚"1Y"为低电平，如图 2-2-18 所示。

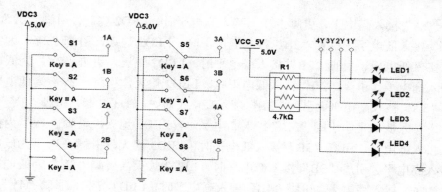

图 2-2-15   74LS08 芯片仿真电路仿真结果 1

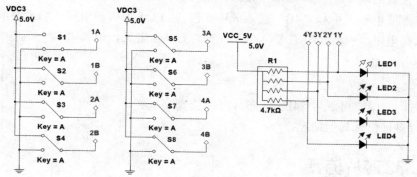

图 2-2-16   74LS08 芯片仿真电路仿真结果 2

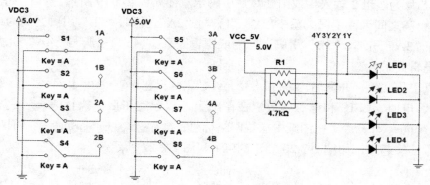

图 2-2-17   74LS08 芯片仿真电路仿真结果 3

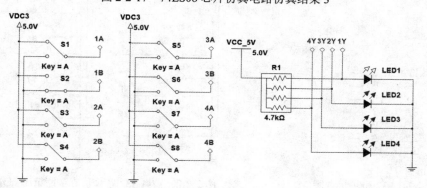

图 2-2-18   74LS08 芯片仿真电路仿真结果 4

当引脚"2A"接入高电平、引脚"2B"接入高电平时，LED2 亮起，引脚"2Y"为高电平；当引脚"2A"接入低电平、引脚"2B"接入高电平时，LED2 熄灭，引脚"2Y"为低电平；当引脚"2A"接入低电平、引脚"2B"接入低电平时，LED2 熄灭，引脚"2Y"为低电平；当引脚"2A"接入高电平、引脚"2B"接入低电平时，LED2 熄灭，引脚"2Y"为低电平。

当引脚"3A"接入高电平、引脚"3B"接入高电平时，LED3 亮起，引脚"3Y"为高电平；当引脚"3A"接入低电平、引脚"3B"接入高电平时，LED3 熄灭，引脚"3Y"为低电平；当引脚"3A"接入低电平、引脚"3B"接入低电平时，LED3 熄灭，引脚"3Y"为低电平；当引脚"3A"接入高电平、引脚"3B"接入低电平时，LED3 熄灭，引脚"3Y"为低电平。

当引脚"4A"接入高电平、引脚"4B"接入高电平时，LED4 亮起，引脚"4Y"为高电平；当引脚"4A"接入低电平、引脚"4B"接入高电平时，LED4 熄灭，引脚"4Y"为低电平；当引脚"4A"接入低电平、引脚"4B"接入低电平时，LED4 熄灭，引脚"4Y"为低电平；当引脚"4A"接入高电平、引脚"4B"接入低电平时，LED4 熄灭，引脚"4Y"为低电平。

小提示

◎ 扫描右侧二维码可观看 74LS08 芯片电路仿真小视频。

◎ 读者可自行仿真其他情况。

2.2.4　74LS32 芯片仿真

74LS08 芯片为四组 2 输入端或门芯片，引脚示意图如图 2-2-19 所示。"1Y"引脚与"1A"引脚、"1B"引脚之间为或逻辑关系；"2Y"引脚与"2A"引脚、"2B"引脚之间为或逻辑关系；"3Y"引脚与"3A"引脚、"3B"引脚之间为或逻辑关系；"4Y"引脚与"4A"引脚、"4B"引脚之间为或逻辑关系。

新建仿真工程文件，并命名为"74LS32.ms14"。执行 Place → Component... 命令，将开关、74LS32 芯片、电阻、LED 和电源等放置在图纸上，放置完毕后，执行 Place → Connectors → ⇧ On-page connector 命令，在图纸中放置网络标号。执行 Place → Wire 命令，将图纸中各个元件和网络标号连接起来，如图 2-2-20、图 2-2-21 和图 2-2-22 所示。

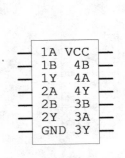

图 2-2-19　74LS32 引脚示意图

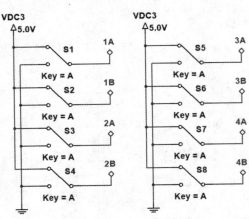

图 2-2-20　74LS32 芯片仿真电路第 1 部分

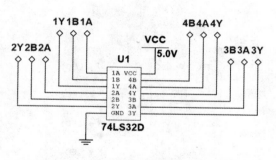

图 2-2-21　74LS32 芯片仿真电路第 2 部分

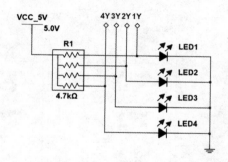

图 2-2-22　74LS32 芯片仿真电路第 3 部分

执行 <u>S</u>imulate → ▶ <u>R</u>un 命令，运行仿真。由仿真结果可见：当引脚 "1A" 接入高电平、引脚 "1B" 接入高电平时，LED1 亮起，引脚 "1Y" 为高电平，如图 2-2-23 所示；当引脚 "1A" 接入低电平、引脚 "1B" 接入高电平时，LED1 亮起，引脚 "1Y" 为高电平，如图 2-2-24 所示；当引脚 "1A" 接入低电平、引脚 "1B" 接入低电平时，LED1 熄灭，引脚 "1Y" 为低电平，如图 2-2-25 所示；当引脚 "1A" 接入高电平、引脚 "1B" 接入低电平时，LED1 亮起，引脚 "1Y" 为高电平，如图 2-2-26 所示。

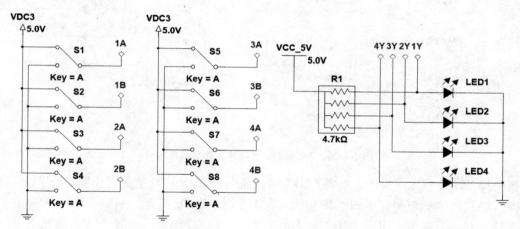

图 2-2-23　74LS32 芯片仿真电路仿真结果 1

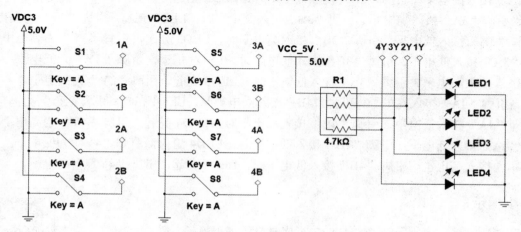

图 2-2-24　74LS32 芯片仿真电路仿真结果 2

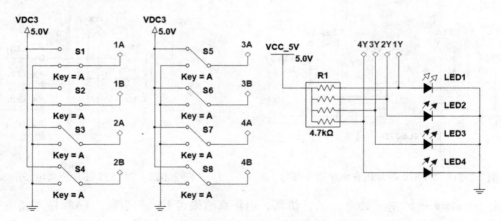

图 2-2-25   74LS32 芯片仿真电路仿真结果 3

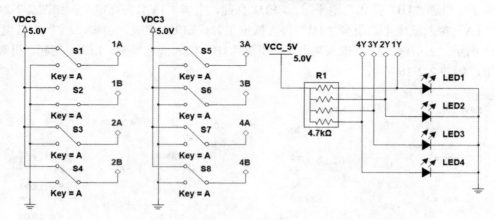

图 2-2-26   74LS32 芯片仿真电路仿真结果 4

当引脚 "2A" 接入高电平、引脚 "2B" 接入高电平时，LED2 亮起，引脚 "2Y" 为高电平；当引脚 "2A" 接入低电平、引脚 "2B" 接入高电平时，LED2 亮起，引脚 "2Y" 为高电平；当引脚 "2A" 接入低电平、引脚 "2B" 接入低电平时，LED2 熄灭，引脚 "2Y" 为低电平；当引脚 "2A" 接入高电平、引脚 "2B" 接入低电平时，LED2 亮起，引脚 "2Y" 为高电平。

当引脚 "3A" 接入高电平、引脚 "3B" 接入高电平时，LED3 亮起，引脚 "3Y" 为高电平；当引脚 "3A" 接入低电平、引脚 "3B" 接入高电平时，LED3 亮起，引脚 "3Y" 为高电平；当引脚 "3A" 接入低电平、引脚 "3B" 接入低电平时，LED3 熄灭，引脚 "3Y" 为低电平；当引脚 "3A" 接入高电平、引脚 "3B" 接入低电平时，LED3 亮起，引脚 "3Y" 为高电平。

当引脚 "4A" 接入高电平、引脚 "4B" 接入高电平时，LED4 亮起，引脚 "4Y" 为高电平；当引脚 "4A" 接入低电平、引脚 "4B" 接入高电平时，LED4 亮起，引脚 "4Y" 为高电平；当引脚 "4A" 接入低电平、引脚 "4B" 接入低电平时，LED4 熄灭，引脚 "4Y" 为低电平；当引脚 "4A" 接入高电平、引脚 "4B" 接入低电平时，LED4 亮起，引脚 "4Y" 为高电平。

小提示

◎ 扫描右侧二维码可观看 74LS32 芯片电路仿真小视频。

◎ 读者可自行仿真其他情况。

2.2.5 74LS02 芯片仿真

74LS02 芯片为四组 2 输入端或非门芯片，引脚示意图如图 2-2-27 所示。"1Y"引脚与"1A"引脚、"1B"引脚之间为或非逻辑关系；"2Y"引脚与"2A"引脚、"2B"引脚之间为或非逻辑关系；"3Y"引脚与"3A"引脚、"3B"引脚之间为或非逻辑关系；"4Y"引脚与"4A"引脚、"4B"引脚之间为或非逻辑关系。

新建仿真工程文件，并命名为"74LS02.ms14"。执行 Place → Component... 命令，将开关、74LS02 芯片、电阻、LED 和电源等放置在图纸上，放置完毕后，执行 Place → Connectors → ⇡ On-page connector 命令，在图纸中放置网络标号。执行 Place → Wire 命令，将图纸中各个元件和网络标号连接起来，如图 2-2-28 和图 2-2-29 所示。

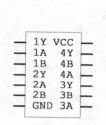

图 2-2-27 74LS02 引脚示意图

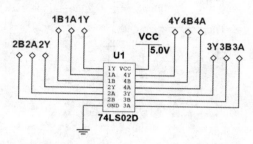

图 2-2-28 74LS02 芯片仿真电路第 1 部分

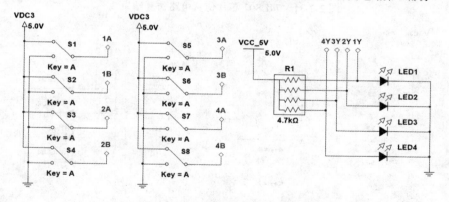

图 2-2-29 74LS02 芯片仿真电路第 2 部分

执行 Simulate → ▶ Run 命令，运行仿真。由仿真结果可见：当引脚"1A"接入高电平、引脚"1B"接入高电平时，LED1 熄灭，引脚"1Y"为低电平，如图 2-2-30 所示；当引脚"1A"接入低电平、引脚"1B"接入高电平时，LED1 熄灭，引脚"1Y"为低电平，如图 2-2-31 所示；当引脚"1A"接入低电平、引脚"1B"接入低电平时，LED1 亮起，引脚"1Y"为高电平，如图 2-2-32 所示；当引脚"1A"接入高电平、引脚"1B"接入低电平时，LED1 熄灭，引脚"1Y"为低电平，如图 2-2-33 所示。

当引脚"2A"接入高电平、引脚"2B"接入高电平时，LED2 熄灭，引脚"2Y"为低电平；当引脚"2A"接入低电平、引脚"2B"接入高电平时，LED2 熄灭，引脚"2Y"为低电平；当引脚"2A"接入低电平、引脚"2B"接入低电平时，LED2 亮起，引脚"2Y"为高电平；当引脚"2A"接入高电平、引脚"2B"接入低电平时，LED2 熄灭，引脚"2Y"为低电平。

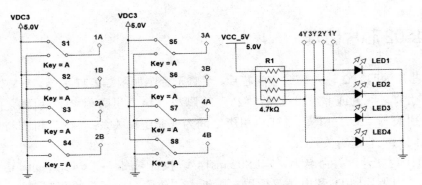

图 2-2-30　74LS02 芯片仿真电路仿真结果 1

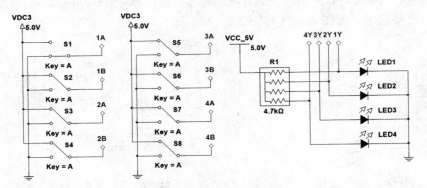

图 2-2-31　74LS02 芯片仿真电路仿真结果 2

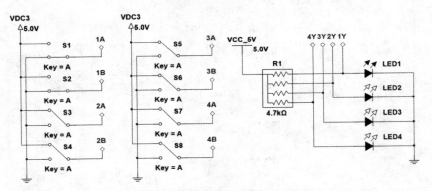

图 2-2-32　74LS02 芯片仿真电路仿真结果 3

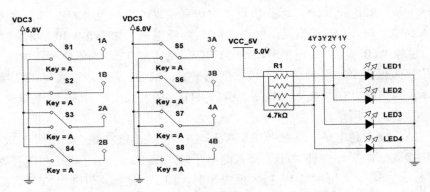

图 2-2-33　74LS02 芯片仿真电路仿真结果 4

当引脚 "2A" 接入高电平、引脚 "2B" 接入高电平时，LED2 熄灭，引脚 "2Y" 为低电平；当引脚 "2A" 接入低电平、引脚 "2B" 接入高电平时，LED2 熄灭，引脚 "2Y" 为低电平；当引脚 "2A" 接入低电平、引脚 "2B" 接入低电平时，LED2 亮起，引脚 "2Y" 为高电平；当引脚 "2A" 接入高电平、引脚 "2B" 接入低电平时，LED2 熄灭，引脚 "2Y" 为低电平。

当引脚 "3A" 接入高电平，引脚 "3B" 接入高电平时，LED3 熄灭，引脚 "3Y" 为低电平；当引脚 "3A" 接入低电平、引脚 "3B" 接入高电平时，LED3 熄灭，引脚 "3Y" 为低电平；当引脚 "3A" 接入低电平、引脚 "3B" 接入低电平时，LED3 亮起，引脚 "3Y" 为高电平；当引脚 "3A" 接入高电平、引脚 "3B" 接入低电平时，LED3 熄灭，引脚 "3Y" 为低电平。

当引脚 "4A" 接入高电平、引脚 "4B" 接入高电平时，LED4 熄灭，引脚 "4Y" 为低电平；当引脚 "4A" 接入低电平、引脚 "4B" 接入高电平时，LED4 熄灭，引脚 "4Y" 为低电平；当引脚 "4A" 接入低电平、引脚 "4B" 接入低电平时，LED4 亮起，引脚 "4Y" 为高电平；当引脚 "4A" 接入高电平、引脚 "4B" 接入低电平时，LED4 熄灭，引脚 "4Y" 为低电平。

🔲 **小提示**

◎ 扫描右侧二维码可观看 74LS02 芯片电路仿真小视频。
◎ 读者可自行仿真其他情况。

2.2.6 CD40106 芯片仿真

CD40106 芯片为六组非门芯片，引脚示意图如图 2-2-34 所示。"1Y" 引脚与 "1A" 引脚为非逻辑关系；"2Y" 引脚与 "2A" 引脚为非逻辑关系；"3Y" 引脚与 "3A" 引脚为非逻辑关系；"4Y" 引脚与 "4A" 引脚为非逻辑关系；"5Y" 引脚与 "5A" 引脚为非逻辑关系；"6Y" 引脚与 "6A" 引脚为非逻辑关系。

新建仿真工程文件，并命名为 "CD40106.ms14"。执行 Place → Component... 命令，将开关、CD40106 芯片、电阻、LED 和电源等放置在图纸上，放置完毕后，执行 Place → Connectors → 📍 On-page connector 命令，在图纸中放置网络标号。执行 Place → Wire 命令，将图纸中各个元件和网络标号连接起来，如图 2-2-35 和图 2-2-36 所示。

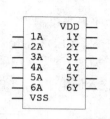

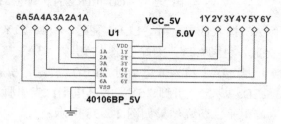

图 2-2-34　CD40106 引脚示意图　　　　图 2-2-35　CD40106 芯片仿真电路第 1 部分

执行 Simulate → ▶ Run 命令，运行仿真。由仿真结果可见：当引脚 "1A" 接入高电平时，LED1 熄灭，引脚 "1Y" 为低电平；当引脚 "2A" 接入高电平时，LED2 熄灭，引脚 "2Y" 为低电平；当引脚 "3A" 接入高电平时，LED3 熄灭，引脚 "3Y" 为低电平；当引脚 "4A" 接入高电平时，LED4 熄灭，引脚 "4Y" 为低电平；当引脚 "5A" 接入高电平时，LED5 熄灭，引脚 "5Y" 为低电平；当引脚 "6A" 接入高电平时，LED6 熄灭，引脚 "6Y" 为低电平。仿真结果如图 2-2-37 所示。

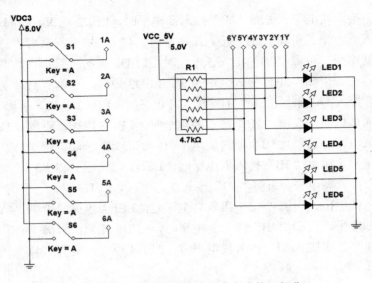

图 2-2-36 CD40106 芯片仿真电路第 2 部分

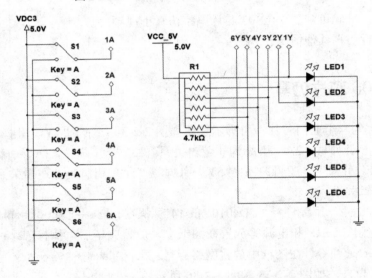

图 2-2-37 CD40106 芯片仿真电路仿真结果 1

当引脚 "1A" 接入低电平时，LED1 亮起，引脚 "1Y" 为高电平；当引脚 "2A" 接入低电平时，LED2 亮起，引脚 "2Y" 为高电平；当引脚 "3A" 接入低电平时，LED3 亮起，引脚 "3Y" 为高电平；当引脚 "4A" 接入低电平时，LED4 亮起，引脚 "4Y" 为高电平；当引脚 "5A" 接入低电平时，LED5 亮起，引脚 "5Y" 为高电平；当引脚 "6A" 接入低电平时，LED6 亮起，引脚 "6Y" 为高电平。仿真结果如图 2-2-38 所示。

小提示

◎ 扫描右侧二维码可观看 CD40106 芯片电路仿真小视频。

◎ 读者可自行仿真其他情况。

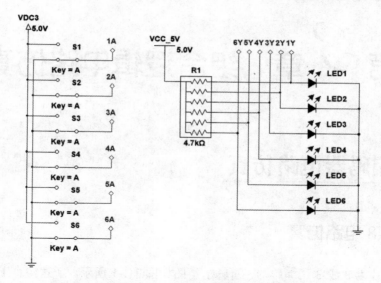

图 2-2-38 CD40106 芯片仿真电路仿真结果 2

第3章　组合逻辑电路仿真

3.1　编码器电路仿真

3.1.1　74LS148电路仿真

74LS148芯片为8线-3线编码器，引脚示意图如图3-1-1所示。新建仿真工程文件，并命名为"74LS148.ms14"。执行 Place → Component... 命令，将开关、74LS148芯片、电阻、LED和电源等放置在图纸上，放置完毕后，执行 Place → Connectors → ⛐ On-page connector 命令，在图纸中放置网络标号。执行 Place → Wire 命令，将图纸中各个元件和网络标号连接起来，如图3-1-2和图3-1-3所示。

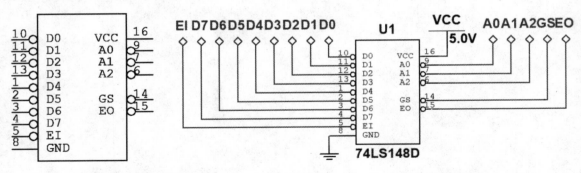

图 3-1-1　74LS148引脚示意图　　　　　　　图 3-1-2　74LS148仿真电路第1部分

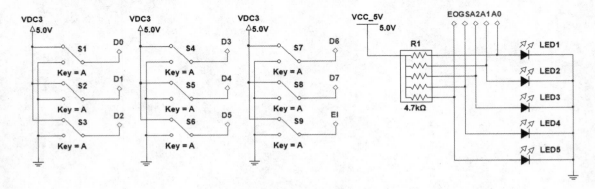

图 3-1-3　74LS148仿真电路第2部分

执行 Simulate → ▶ Run 命令，运行仿真。由仿真结果可见：当"EI"引脚接入高电平时，其余引脚均不起作用，无论"D0"引脚、"D1"引脚、"D2"引脚、"D3"引脚、"D4"引脚、"D5"引脚、"D6"引脚和"D7"引脚接入何种电平，LED1、LED2、LED3、LED4和LED5均亮起，如图 3-1-4 和图 3-1-5 所示。

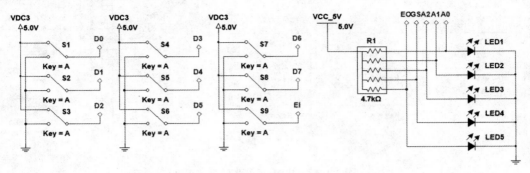

图 3-1-4　74LS148 电路仿真结果 1

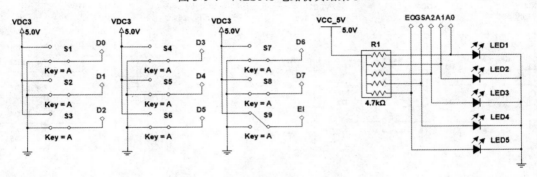

图 3-1-5　74LS148 电路仿真结果 2

当"EI"引脚接入低电平时，"D7"引脚接入低电平，无论"D0"引脚、"D1"引脚、"D2"引脚、"D3"引脚、"D4"引脚、"D5"引脚和"D6"引脚接入何种电平，LED1、LED2、LED3 和 LED4 均熄灭，LED5 均亮起，"A0"引脚、"A1"引脚、"A2"引脚和"GS"引脚均输出低电平，"EO"引脚输出高电平，如图 3-1-6 和图 3-1-7 所示。

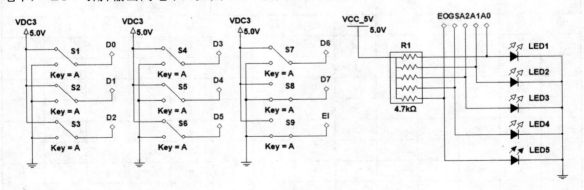

图 3-1-6　74LS148 电路仿真结果 3

当"EI"引脚接入低电平时，"D0"引脚接入低电平，"D1"引脚、"D2"引脚、"D3"引脚、"D4"引脚、"D5"引脚、"D6"引脚和"D7"引脚均接入高电平，LED1、LED2、LED3 和 LED5 均亮起，LED4 均熄灭，"A0"引脚、"A1"引脚、"A2"引脚和"EO"引脚均输出高电平，"GS"引脚输出低电平，如图 3-1-8 所示。

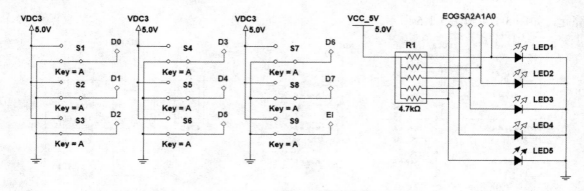

图 3-1-7　74LS148 电路仿真结果 4

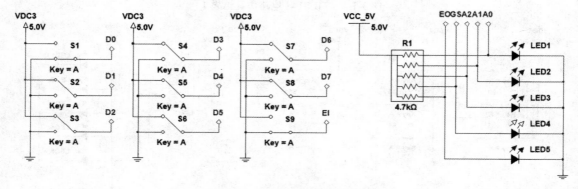

图 3-1-8　74LS148 电路仿真结果 5

　　读者可以自行仿真其他情况，74LS148 真值表如表 3-1-1 所示，"1" 代表高电平，"0" 代表低电平，"×" 代表任意电平。

表 3-1-1　74LS148 真值表

| 输　　入 | | | | | | | | | 输　　出 | | | | |
EI	D0	D1	D2	D3	D4	D5	D6	D7	A0	A1	A2	GS	EO
1	×	×	×	×	×	×	×	×	1	1	1	1	1
0	1	1	1	1	1	1	1	1	1	1	1	1	0
0	×	×	×	×	×	×	×	0	0	0	0	0	1
0	×	×	×	×	×	×	0	1	1	0	0	0	1
0	×	×	×	×	×	0	1	1	0	1	0	0	1
0	×	×	×	×	0	1	1	1	1	1	0	0	1
0	×	×	×	0	1	1	1	1	0	0	1	0	1
0	×	×	0	1	1	1	1	1	1	0	1	0	1
0	×	0	1	1	1	1	1	1	0	1	1	0	1
0	0	1	1	1	1	1	1	1	1	1	1	0	1

🔲 小提示

◎　扫描右侧二维码可观看 74LS148 电路仿真小视频。

◎　读者可自行仿真其他情况。

3.1.2　74LS147 电路仿真

74LS147 芯片为二-十进制优先编码器，引脚示意图如图 3-1-9 所示。新建仿真工程文件，并命名为"74LS147.ms14"。执行 Place → Component... 命令，将开关、74LS147 芯片、电阻、LED 和电源等放置在图纸上，放置完毕后，执行 Place → Connectors → ╞ On-page connector 命令，在图纸中放置网络标号。执行 Place → Wire 命令，将图纸中各个元件和网络标号连接起来，如图 3-1-10 和图 3-1-11 所示。

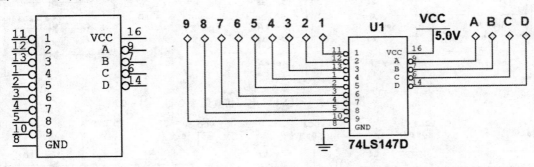

图 3-1-9　74LS147 引脚示意图　　　　　图 3-1-10　74LS147 仿真电路第 1 部分

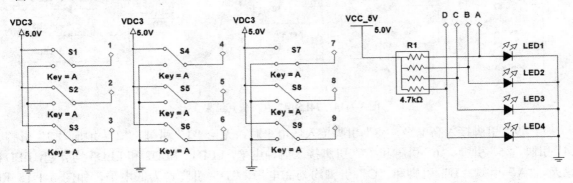

图 3-1-11　74LS147 仿真电路第 2 部分

执行 Simulate → ▶ Run 命令，运行仿真。由仿真结果可见：当"1"引脚、"2"引脚、"3"引脚、"4"引脚、"5"引脚、"6"引脚、"7"引脚、"8"引脚和"9"引脚均接入高电平时，LED1、LED2、LED3 和 LED4 均亮起，"A"引脚、"B"引脚、"C"引脚和"D"引脚均为高电平，如图 3-1-12 所示。

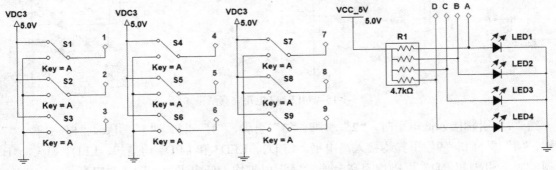

图 3-1-12　74LS147 电路仿真结果 1

　　当"9"引脚接入低电平时，无论"1"引脚、"2"引脚、"3"引脚、"4"引脚、"5"引脚、"6"引脚、"7"引脚和"8"引脚接入何种电平，LED1 和 LED4 均熄灭，LED2 和 LED3 均亮起，"A"引脚和"D"引脚均为低电平，"B"引脚和"C"引脚均为高电平，如图 3-1-13 和图 3-1-14 所示。

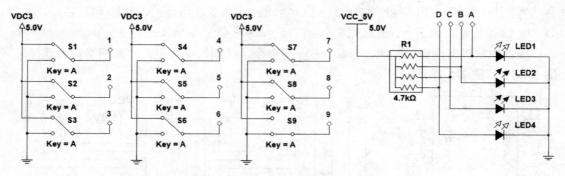

图 3-1-13　74LS147 电路仿真结果 2

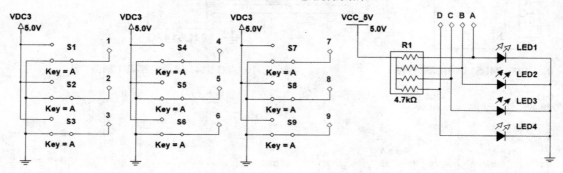

图 3-1-14　74LS147 电路仿真结果 3

　　当"9"引脚接入高电平、"8"引脚接入低电平时，无论"1"引脚、"2"引脚、"3"引脚、"4"引脚、"5"引脚、"6"引脚和"7"引脚接入何种电平，LED1、LED2 和 LED3 均亮起，LED4 熄灭，"A"引脚"B"引脚和"C"引脚均为高电平，"D"引脚均为低电平，如图 3-1-15 和图 3-1-16 所示。

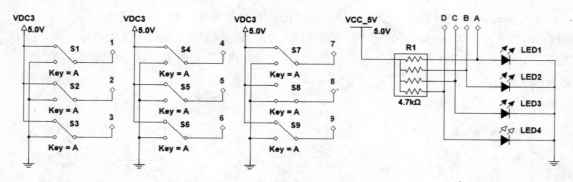

图 3-1-15　74LS147 电路仿真结果 4

　　当"1"引脚接入低电平时，"2"引脚、"3"引脚、"4"引脚、"5"引脚、"6"引脚、"7"引脚、"8"引脚和"9"引脚均接入高电平，LED2、LED3 和 LED4 均亮起，LED1 熄灭，"B"引脚、"C"引脚和"D"引脚均为高电平，"A"引脚均为低电平，如图 3-1-17 所示。

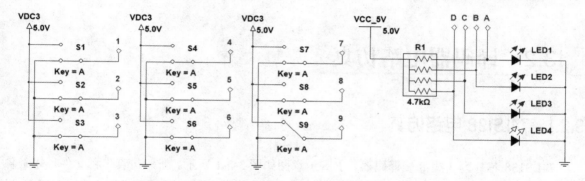

图 3-1-16　74LS147 电路仿真结果 5

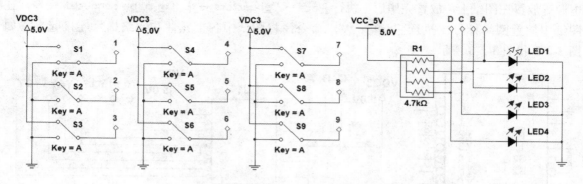

图 3-1-17　74LS147 电路仿真结果 6

读者可以根据真值表自行仿真其他情况，74LS147 真值表如表 3-1-2 所示。

🔲 小提示

◎ 扫描右侧二维码可观看 74LS147 电路仿真小视频。

◎ 读者可自行仿真其他情况。

表 3-1-2　74LS147 真值表

输　入									输　出			
1	2	3	4	5	6	7	8	9	A	B	C	D
1	1	1	1	1	1	1	1	1	1	1	1	1
×	×	×	×	×	×	×	×	0	0	1	1	0
×	×	×	×	×	×	×	0	1	1	1	1	0
×	×	×	×	×	×	0	1	1	0	0	0	1
×	×	×	×	×	0	1	1	1	1	0	0	1
×	×	×	×	0	1	1	1	1	0	1	0	1
×	×	×	0	1	1	1	1	1	1	1	0	1
×	×	0	1	1	1	1	1	1	0	0	1	1
×	0	1	1	1	1	1	1	1	1	0	1	1
0	1	1	1	1	1	1	1	1	0	1	1	1

3.2 译码器电路仿真

3.2.1 74LS138 电路仿真

74LS138 芯片为 3 线-8 线译码器，引脚示意图如图 3-2-1 所示。新建仿真工程文件，并命名为 "74LS138.ms14"。执行 Place → Component... 命令，将开关、74LS138 芯片、电阻、LED 和电源等放置在图纸上，放置完毕后，执行 Place → Connectors → ⇧ On-page connector 命令，在图纸中放置网络标号。执行 Place → Wire 命令，将图纸中各个元件和网络标号连接起来，如图 3-2-2 和图 3-2-3 所示。

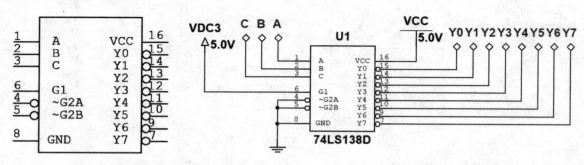

图 3-2-1　74LS138 引脚示意图　　　　　图 3-2-2　74LS138 仿真电路第 1 部分

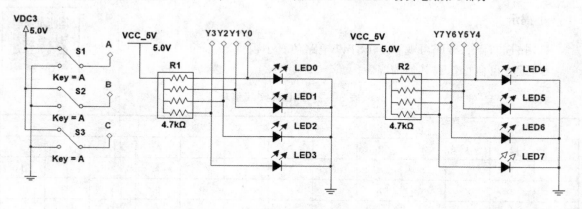

图 3-2-3　74LS138 仿真电路第 2 部分

执行 Simulate → ▶ Run 命令，运行仿真。由仿真结果可见：当 "A" 引脚、"B" 引脚和 "C" 引脚均接入低电平时，LED0 熄灭，LED1、LED2、LED3、LED4、LED5、LED6 和 LED7 均亮起，"Y0" 引脚为低电平，"Y1" 引脚、"Y2" 引脚、"Y3" 引脚、"Y4" 引脚、"Y5" 引脚、"Y6" 引脚和 "Y7" 引脚均为高电平，如图 3-2-4 所示。

当 "A" 引脚接入高电平、"B" 引脚和 "C" 引脚接入电平时，LED1 熄灭，LED0、LED2、LED3、LED4、LED5、LED6 和 LED7 均亮起，"Y1" 引脚为低电平，"Y0" 引脚、"Y2" 引脚、"Y3" 引脚、"Y4" 引脚、"Y5" 引脚、"Y6" 引脚和 "Y7" 引脚均为高电平，如图 3-2-5 所示。

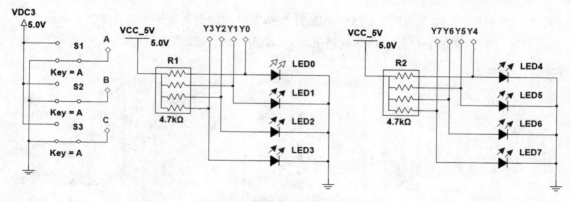

图 3-2-4　74LS138 电路仿真结果 1

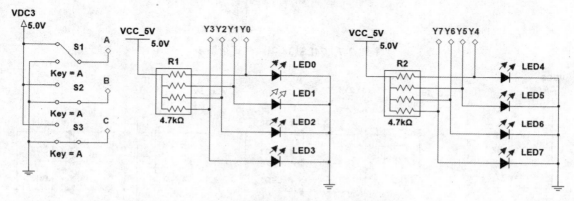

图 3-2-5　74LS138 电路仿真结果 2

当"B"引脚接入高电平,"A"引脚和"C"引脚接入电平时,LED2 熄灭,LED0、LED1、LED3、LED4、LED5、LED6 和 LED7 均亮起,"Y2"引脚为低电平,"Y0"引脚、"Y1"引脚、"Y3"引脚、"Y4"引脚、"Y5"引脚、"Y6"引脚和"Y7"引脚均为高电平,如图 3-2-6 所示。

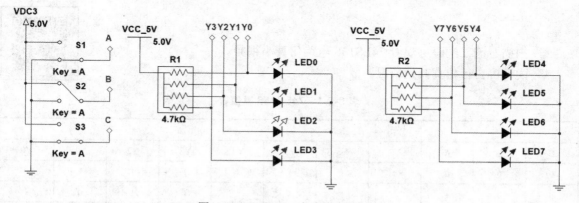

图 3-2-6　74LS138 电路仿真结果 3

当"C"引脚接入高电平、"A"引脚和"B"引脚接入电平时,LED4 熄灭,LED0、LED1、LED2、LED3、LED5、LED6 和 LED7 均亮起,"Y4"引脚为低电平,"Y0"引脚、"Y1"引脚、"Y2"引脚、"Y3"引脚、"Y5"引脚、"Y6"引脚和"Y7"引脚均为高电平,如图 3-2-7 所示。

当"A"引脚、"B"引脚和"C"引脚均接入高电平时,LED7 熄灭,LED0、LED1、LED2、LED3、LED4、LED5 和 LED6 均亮起,"Y7"引脚为低电平,"Y0"引脚、"Y1"引脚、"Y2"

引脚、"Y3"引脚、"Y4"引脚、"Y5"引脚和"Y6"引脚均为高电平,如图 3-2-8 所示。

读者可以根据真值表自行仿真其他情况,74LS138 真值表如表 3-2-1 所示。

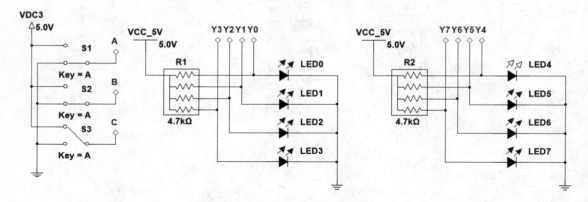

图 3-2-7 74LS138 电路仿真结果 4

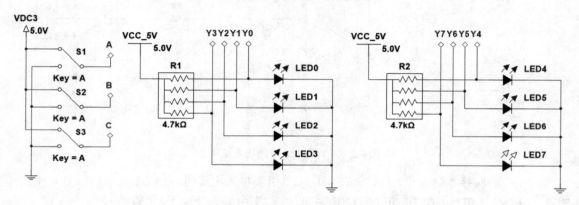

图 3-2-8 74LS138 电路仿真结果 5

🔲 **小提示**

◎ 扫描右侧二维码可观看 74LS138 电路仿真小视频。

◎ 读者可自行仿真其他情况。

表 3-2-1 74LS138 真值表

输 入			输 出							
C	B	A	Y7	Y6	Y5	Y4	Y3	Y2	Y1	Y0
0	0	0	1	1	1	1	1	1	1	0
0	0	1	1	1	1	1	1	1	0	1
0	1	0	1	1	1	1	1	0	1	1
0	1	1	1	1	1	1	0	1	1	1
1	0	0	1	1	1	0	1	1	1	1
1	0	1	1	1	0	1	1	1	1	1
1	1	0	1	0	1	1	1	1	1	1
1	1	1	0	1	1	1	1	1	1	1

3.2.2 74HC42 电路仿真

74HC42 芯片为二-十进制线译码器，引脚示意图如图 3-2-9 所示。新建仿真工程文件，并命名为"74HC42.ms14"。执行 Place → Component... 命令，将开关、74HC42 芯片、电阻、LED 和电源等放置在图纸上，放置完毕后，执行 Place → Connectors → ⇧ On-page connector 命令，在图纸中放置网络标号。执行 Place → Wire 命令，将图纸中各个元件和网络标号连接起来，如图 3-2-10 和图 3-2-11 所示。

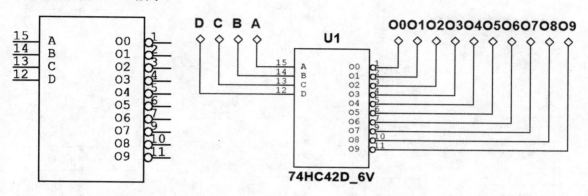

图 3-2-9　74HC42 引脚示意图　　　　　　图 3-2-10　74HC42 仿真电路第 1 部分

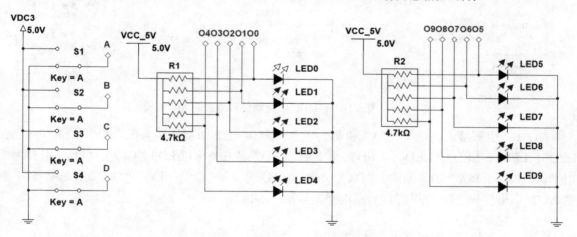

图 3-2-11　74HC42 仿真电路第 2 部分

执行 Simulate → ▷ Run 命令，运行仿真。由仿真结果可见：当"A"引脚、"B"引脚、"C"引脚和"D"引脚均接入低电平时，LED0 熄灭，LED1、LED2、LED3、LED4、LED5、LED6、LED7、LED8 和 LED9 均亮起，"O0"引脚为低电平，"O1"引脚、"O2"引脚、"O3"引脚、"O4"引脚、"O5"引脚、"O6"引脚、"O7"引脚、"O8"引脚和"O9"引脚均为高电平，如图 3-2-12 所示。

当"A"引脚接入高电平，"B"引脚、"C"引脚和"D"引脚均接入低电平时，LED1 熄灭，LED0、LED2、LED3、LED4、LED5、LED6、LED7、LED8 和 LED9 均亮起，"O1"引脚为低电平，"O0"引脚、"O2"引脚、"O3"引脚、"O4"引脚、"O5"引脚、"O6"引脚、"O7"引脚、"O8"引脚和"O9"引脚均为高电平，如图 3-2-13 所示。

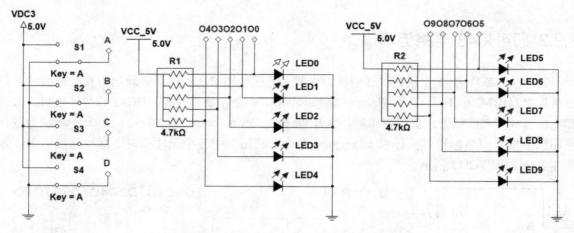

图 3-2-12　74HC42 电路仿真结果 1

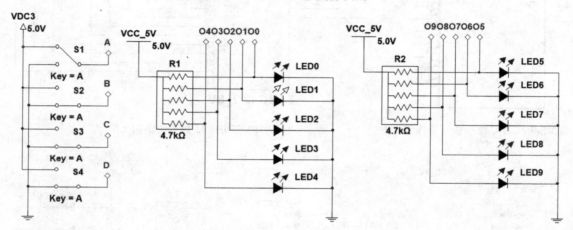

图 3-2-13　74HC42 电路仿真结果 2

当"B"引脚接入高电平,"A"引脚、"C"引脚和"D"引脚均接入低电平时,LED2 熄灭,LED0、LED1、LED3、LED4、LED5、LED6、LED7、LED8 和 LED9 均亮起,"O2"引脚为低电平,"O0"引脚、"O1"引脚、"O3"引脚、"O4"引脚、"O5"引脚、"O6"引脚、"O7"引脚、"O8"引脚和"O9"引脚均为高电平,如图 3-2-14 所示。

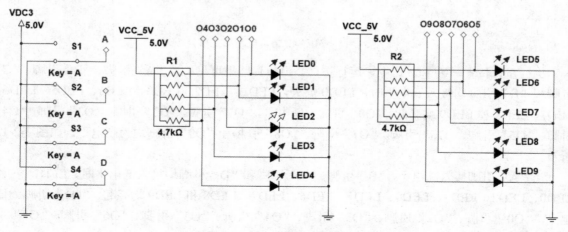

图 3-2-14　74HC42 电路仿真结果 3

当"A"引脚和"B"引脚均接入高电平、"C"引脚和"D"引脚均接入低电平时，LED3
熄灭，LED0、LED1、LED2、LED4、LED5、LED6、LED7、LED8 和 LED9 均亮起，"O3"引
脚为低电平，"O0"引脚、"O1"引脚、"O2"引脚、"O4"引脚、"O5"引脚、"O6"引脚、"O7"
引脚、"O8"引脚和"O9"引脚均为高电平，如图 3-2-15 所示。

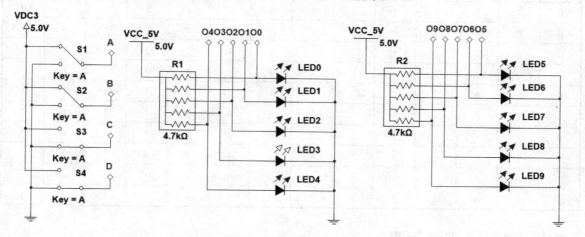

图 3-2-15　74HC42 电路仿真结果 4

当"A"引脚和"D"引脚均接入高电平，"B"引脚和"C"引脚均接入低电平时，LED9
熄灭，LED0、LED1、LED2、LED3、LED4、LED5、LED6、LED7 和 LED8 均亮起，"O9"引
脚为低电平，"O0"引脚、"O1"引脚、"O2"引脚、"O3"引脚、"O4"引脚、"O5"引脚、"O6"
引脚、"O7"引脚和"O8"引脚均为高电平，如图 3-2-16 所示。

🔲 小提示

◎ 扫描右侧二维码可观看 74HC42 电路仿真小视频。

◎ 读者可自行仿真其他情况。

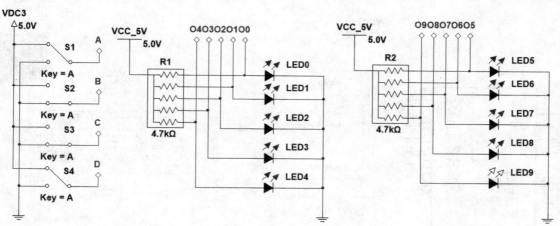

图 3-2-16　74HC42 电路仿真结果 5

读者可以根据真值表自行仿真其他情况，74HC42 真值表如表 3-2-2 所示。

表 3-2-2　74HC42 真值表

输　入				输　　出									
D	C	B	A	O9	O8	O7	O6	O5	O4	O3	O2	O1	O0
0	0	0	0	1	1	1	1	1	1	1	1	1	0
0	0	0	1	1	1	1	1	1	1	1	1	0	1
0	0	1	0	1	1	1	1	1	1	1	0	1	1
0	0	1	1	1	1	1	1	1	1	0	1	1	1
0	1	0	0	1	1	1	1	1	0	1	1	1	1
0	1	0	1	1	1	1	1	0	1	1	1	1	1
0	1	1	0	1	1	1	0	1	1	1	1	1	1
0	1	1	1	1	1	0	1	1	1	1	1	1	1
1	0	0	0	1	0	1	1	1	1	1	1	1	1
1	0	0	1	0	1	1	1	1	1	1	1	1	1

3.2.3　74LS47 电路仿真

74LS47 芯片为 BCD-7 段数码管译码器，引脚示意图如图 3-2-17 所示。新建仿真工程文件，并命名为"74LS47.ms14"。执行 Place → Component… 命令，将开关、74LS47 芯片、数码管、电阻和电源等放置在图纸上，放置完毕后，执行 Place → Wire 命令，将图纸中各个元件和网络标号连接起来，如图 3-2-18 所示。

执行 Simulate → ▶ Run 命令，运行仿真。由仿真结果可见：74LS47 译码器的输入端全部连接低电平，模拟输入"0000"，即代表十进制数字 0，七段数码管中显示为"0"，如图 3-2-19 所示。

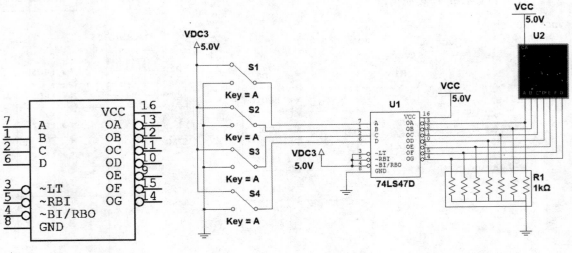

图 3-2-17　74LS47 引脚示意图　　　　　　　　图 3-2-18　74LS47 仿真电路

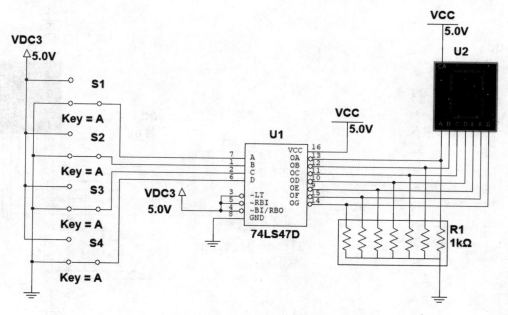

图 3-2-19　74LS47 电路仿真结果 1

当 "A" 引脚接入高电平、"B" 引脚接入低电平、"C" 引脚接入低电平、"D" 引脚接入低电平时，模拟输入 "0001"，即代表十进制数字 1，七段数码管中显示为 "1"，如图 3-2-20 所示。

当 "A" 引脚接入低电平、"B" 引脚接入高电平、"C" 引脚接入低电平、"D" 引脚接入低电平时，模拟输入 "0010"，即代表十进制数字 2，七段数码管中显示为 "2"，如图 3-2-21 所示。

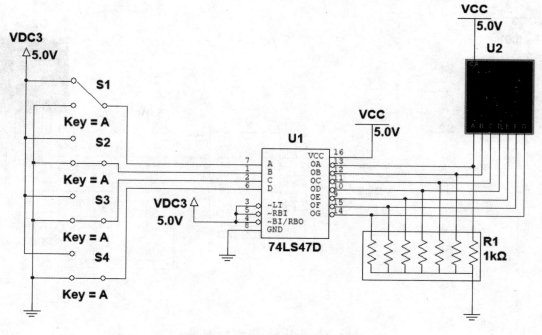

图 3-2-20　74LS47 电路仿真结果 2

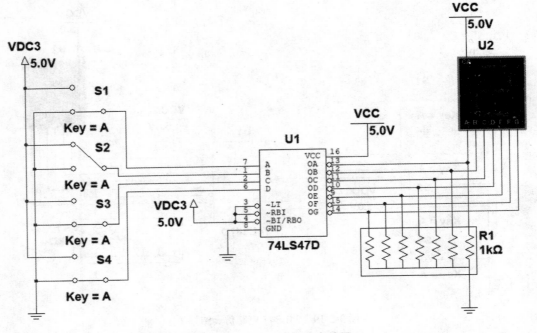

图 3-2-21　74LS47 电路仿真结果 3

当 "A" 引脚接入高电平、"B" 引脚接入高电平、"C" 引脚接入低电平、"D" 引脚接入低电平时，模拟输入 "0011"，即代表十进制数字 3，七段数码管中显示为 "3"，如图 3-2-22 所示。

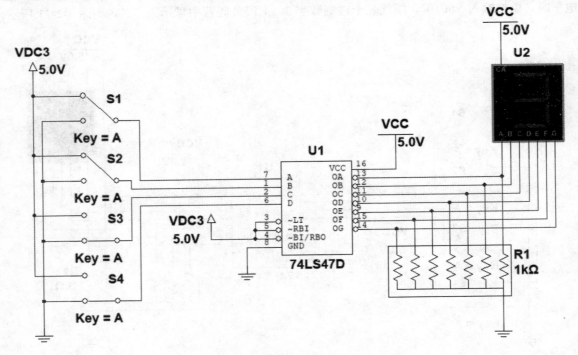

图 3-2-22　74LS47 电路仿真结果 4

当 "A" 引脚接入低电平、"B" 引脚接入低电平、"C" 引脚接入高电平、"D" 引脚接入低电平时，模拟输入 "0100"，即代表十进制数字 4，七段数码管中显示为 "4"，如图 3-2-23 所示。

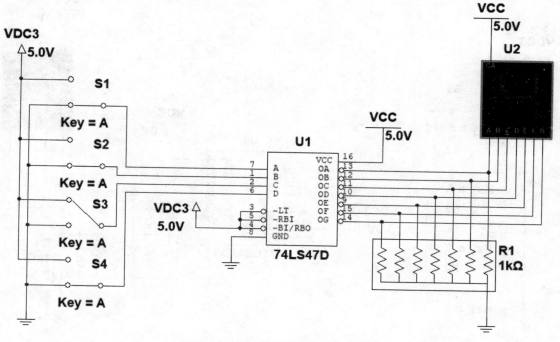

图 3-2-23 74LS47 电路仿真结果 5

当"A"引脚接入高电平、"B"引脚接入低电平、"C"引脚接入高电平、"D"引脚接入低电平时，模拟输入"0101"，即代表十进制数字 5，七段数码管中显示为"5"，如图 3-2-24 所示。

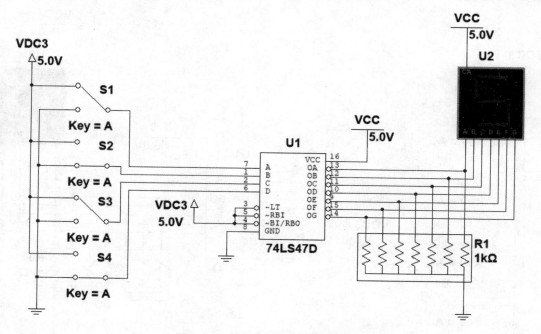

图 3-2-24 74LS47 电路仿真结果 6

当"A"引脚接入低电平、"B"引脚接入高电平、"C"引脚接入高电平、"D"引脚接入低电平时，模拟输入"0110"，即代表十进制数字 6，七段数码管中显示为"6"，如图 3-2-25 所示。

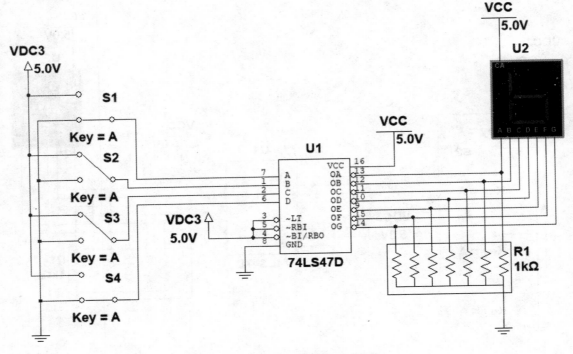

图 3-2-25   74LS47 电路仿真结果 7

当 "A" 引脚接入高电平、"B" 引脚接入高电平、"C" 引脚接入高电平、"D" 引脚接入低电平时，模拟输入 "0111"，即代表十进制数字 7，七段数码管中显示为 "7"，如图 3-2-26 所示。

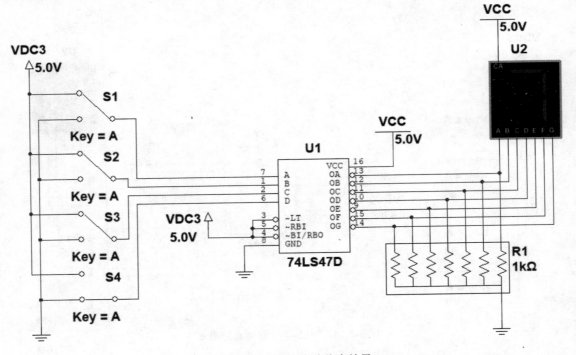

图 3-2-26   74LS47 电路仿真结果 8

当 "A" 引脚接入低电平、"B" 引脚接入低电平、"C" 引脚接入低电平、"D" 引脚接入高电平时，模拟输入"1000"，即代表十进制数字 8，七段数码管中显示为"8"，如图 3-2-27 所示。

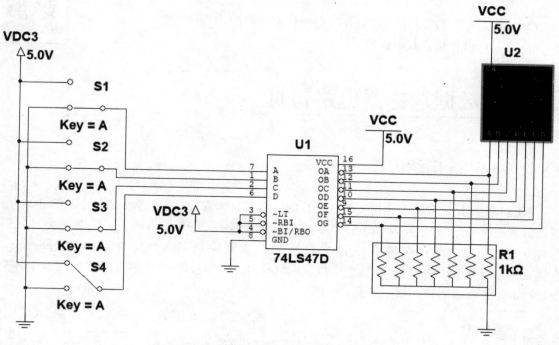

图 3-2-27 74LS47 电路仿真结果 9

当"A"引脚接入高电平、"B"引脚接入低电平、"C"引脚接入低电平、"D"引脚接入高电平时，模拟输入"1001"，即代表十进制数字 9，七段数码管中显示为"9"，如图 3-2-28 所示。

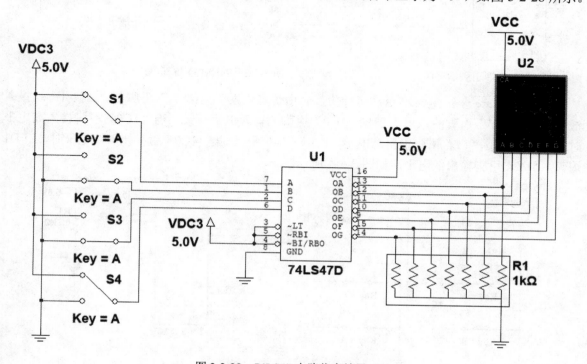

图 3-2-28 74LS47 电路仿真结果 10

小提示

◎ 扫描右侧二维码可观看 74LS47 电路仿真小视频。

◎ 读者可自行仿真其他情况。

3.3 数据选择器电路仿真

3.3.1 74LS153 电路仿真

74LS153 芯片包含两个 4 选 1 数据选择器，本节只仿真其一，引脚示意图如图 3-3-1 所示。新建仿真工程文件，并命名为"74LS153.ms14"。执行 Place → Component... 命令，将开关、74LS153 芯片、电阻、LED 和电源等放置在图纸上。放置完毕后，执行 Place → Connectors → ⇧ On-page connector 命令，在图纸中放置网络标号。执行 Place → Wire 命令，将图纸中各个元件和网络标号连接起来，如图 3-3-2 所示。

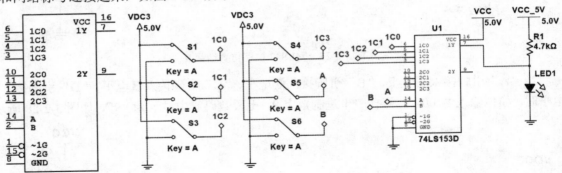

图 3-3-1　74LS153 引脚示意图　　　　　图 3-3-2　74LS153 仿真电路

执行 Simulate → ▶ Run 命令，运行仿真。由仿真结果可见："A"引脚与"B"引脚均接入低电平时，"1Y"引脚的输出电平与"1C0"引脚的输入电平一致；当"1C0"引脚接入高电平时，LED1 亮起，"1Y"引脚输出高电平，如图 3-3-3 所示；当"1C0"引脚接入低电平时，LED1 熄灭，"1Y"引脚输出低电平，如图 3-3-4 所示。

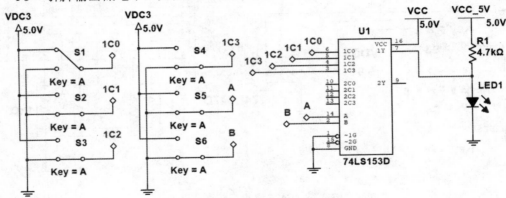

图 3-3-3　74LS153 电路仿真结果 1

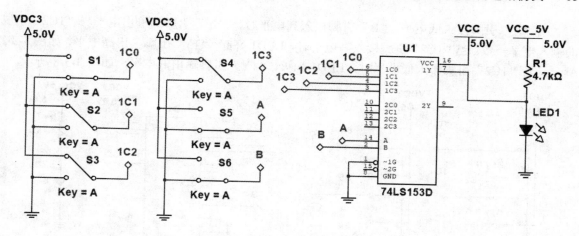

图 3-3-4   74LS153 电路仿真结果 2

当"A"引脚接入高电平、"B"引脚接入低电平时,"1Y"引脚的输出电平与"1C1"引脚的输入电平一致。当"1C1"引脚接入高电平时,LED1 亮起,"1Y"引脚输出高电平,如图 3-3-5 所示;当"1C1"引脚接入低电平时,LED1 熄灭,"1Y"引脚输出低电平,如图 3-3-6 所示。

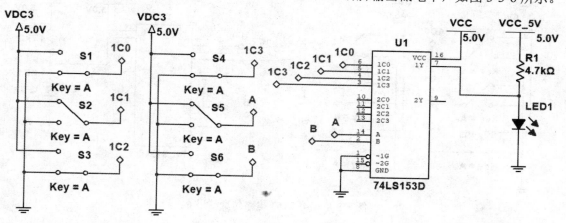

图 3-3-5   74LS153 电路仿真结果 3

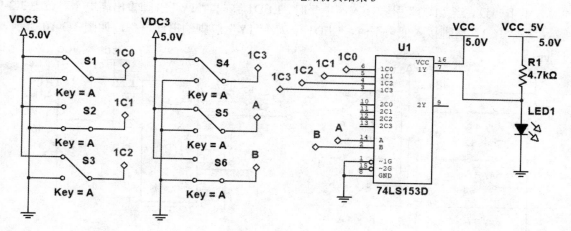

图 3-3-6   74LS153 电路仿真结果 4

　　当"A"引脚接入低电平、"B"引脚接入高电平时，"1Y"引脚的输出电平与"1C2"引脚的输入电平一致。当"1C2"引脚接入高电平时，LED1 亮起，"1Y"引脚输出高电平，如图 3-3-7 所示；当"1C2"引脚接入低电平时，LED1 熄灭，"1Y"引脚输出低电平，如图 3-3-8 所示。

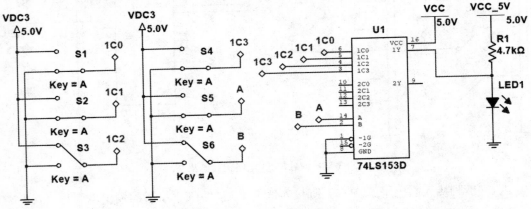

图 3-3-7　74LS153 电路仿真结果 5

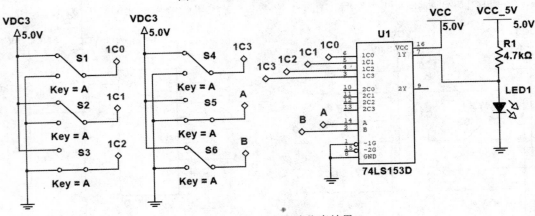

图 3-3-8　74LS153 电路仿真结果 6

　　当"A"引脚接入高电平、"B"引脚接入高电平时，"1Y"引脚的输出电平与"1C3"引脚的输入电平一致。当"1C3"引脚接入高电平时，LED1 亮起，"1Y"引脚输出高电平，如图 3-3-9 所示；当"1C3"引脚接入低电平时，LED1 熄灭，"1Y"引脚输出低电平，如图 3-3-10 所示。

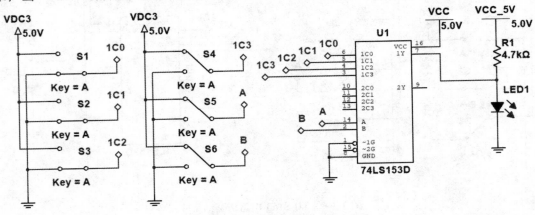

图 3-3-9　74LS153 电路仿真结果 7

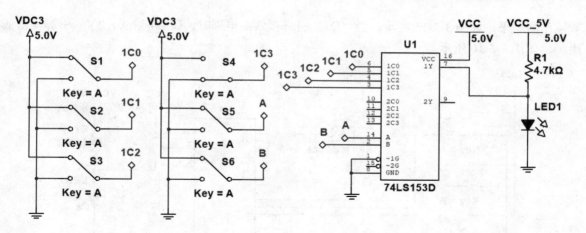

图 3-3-10　74LS153 电路仿真结果 8

◇ 小提示

◎ 扫描右侧二维码可观看 4 选 1 数据选择器电路仿真小视频。

◎ 读者可自行仿真其他情况。

3.3.2　74LS151 电路仿真

74LS151 芯片为 8 选 1 数据选择器，引脚示意图如图 3-3-11 所示。新建仿真工程文件，并命名为"74LS151.ms14"。执行 Place → Component... 命令，将开关、74LS151 芯片、电阻、LED 和电源等放置在图纸上，放置完毕后，执行 Place → Wire 命令，将图纸中各个元件连接起来，如图 3-3-12 所示。

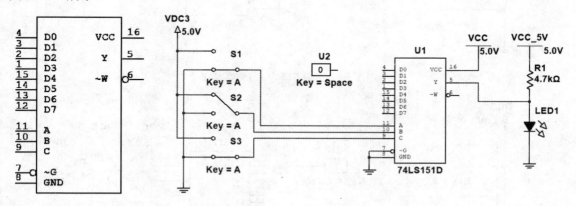

图 3-3-11　74LS151 引脚示意图　　　　　　　图 3-3-12　74LS151 仿真电路

执行 Simulate → ▶ Run 命令，运行仿真。由仿真结果可见：当"A"引脚接入低电平、"B"引脚均接入低电平、"C"引脚均接入低电平时，"Y"引脚的输出电平与"D0"引脚的输入电平一致。当"D0"引脚接入高电平时，LED1 亮起，"1Y"引脚输出高电平，如图 3-3-13 所示；当"D0"引脚接入低电平时，LED1 熄灭，"Y"引脚输出低电平，如图 3-3-14 所示。

当"A"引脚接入高电平、"B"引脚接入低电平、"C"引脚均接入低电平时，"Y"引脚的输出电平与"D1"引脚的输入电平一致。当"D1"引脚接入高电平时，LED1 亮起，"1Y"引脚输出高电平，如图 3-3-15 所示；当"D1"引脚接入低电平时，LED1 熄灭，"Y"引脚输出低电平，如图 3-3-16 所示。

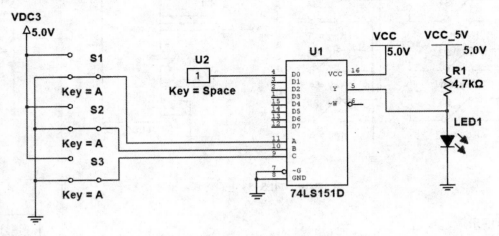

图 3-3-13　74LS151 电路仿真结果 1

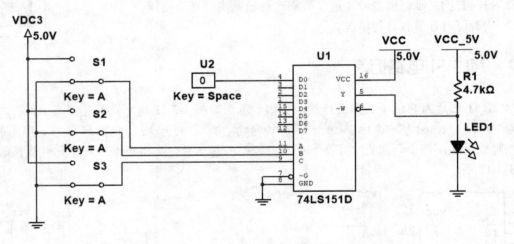

图 3-3-14　74LS151 电路仿真结果 2

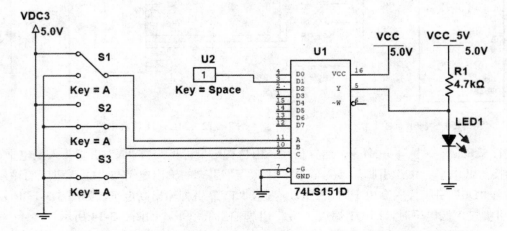

图 3-3-15　74LS151 电路仿真结果 3

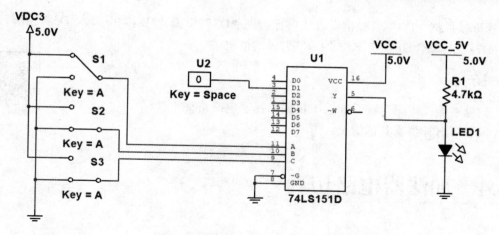

图 3-3-16　74LS151 电路仿真结果 4

当"A"引脚接入低电平、"B"引脚接入高电平、"C"引脚均接入低电平时，"Y"引脚的输出电平与"D2"引脚的输入电平一致。当"D2"引脚接入高电平时，LED1 亮起，"1Y"引脚输出高电平，如图 3-3-17 所示；当"D2"引脚接入低电平时，LED1 熄灭，"Y"引脚输出低电平，如图 3-3-18 所示。

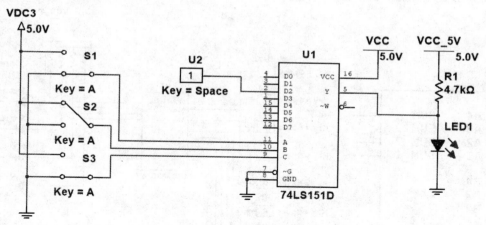

图 3-3-17　74LS151 电路仿真结果 5

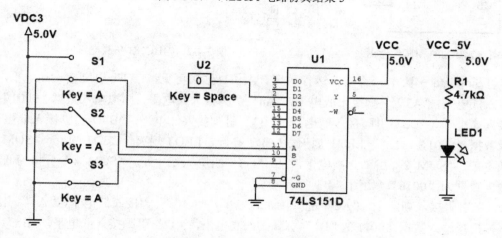

图 3-3-18　74LS151 电路仿真结果 6

读者可以根据"D0"引脚仿真方法自行验证"D3"引脚、"D4"引脚、"D5"引脚、"D6"引脚、"D7"引脚、"D8"引脚和"D9"引脚的情况。

⌸ 小提示

◎ 扫描右侧二维码可观看 8 选 1 数据选择器电路仿真小视频。

◎ 读者可自行仿真其他情况。

3.4 加法器电路仿真

3.4.1 74HC283 电路仿真

74HC283 芯片为加法器，引脚示意图如图 3-4-1 所示。新建仿真工程文件，并命名为"74HC283.ms14"。执行 Place → Component... 命令，将 74HC283 芯片、电阻、LED 和电源等放置在图纸上，放置完毕后，执行 Place → Wire 命令，将图纸中各个元件连接起来，如图 3-4-2 所示。

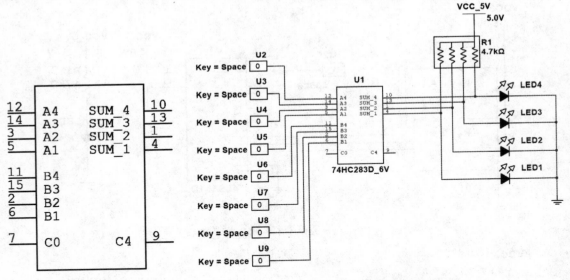

图 3-4-1　74HC283 引脚示意图　　　　　图 3-4-2　74HC283 仿真电路

执行 Simulate → ▶ Run 命令，运行仿真。由仿真结果可见："A1"引脚接入高电平，"A2"引脚接入低电平，"A3"引脚接入低电平，"A4"引脚接入低电平，模拟输入数据"0001"；"B1"引脚接入高电平，"B2"引脚接入低电平，"B3"引脚接入低电平，"B4"引脚接入低电平，模拟输入数据"0001"；此时，LED1 熄灭，LED2 亮起，LED3 熄灭，LED4 熄灭，"SUM_1"引脚为低电平，"SUM_2"引脚为高电平，"SUM_3"引脚为低电平，"SUM_4"引脚为低电平，模拟输出数据为"0010"，如图 3-4-3 所示。

"A1"引脚接入高电平，"A2"引脚接入高电平，"A3"引脚接入低电平，"A4"引脚接入低电平，模拟输入数据"0011"；"B1"引脚接入高电平，"B2"引脚接入低电平，"B3"引脚接入低电平，"B4"引脚接入低电平，模拟输入数据"0001"；此时，LED1 熄灭，LED2 熄灭，LED3

亮起，LED4 熄灭，"SUM_1"引脚为低电平，"SUM_2"引脚为低电平，"SUM_3"引脚为高电平，"SUM_4"引脚为低电平，模拟输出数据为"0100"，如图 3-4-4 所示。

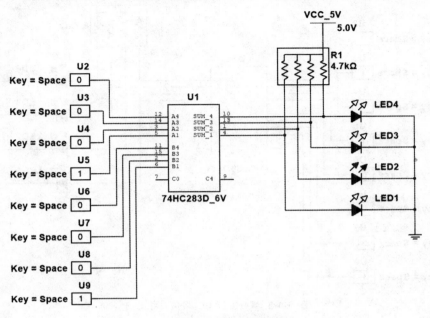

图 3-4-3　74HC283 电路仿真结果 1

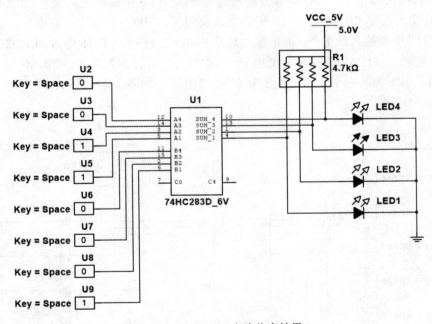

图 3-4-4　74HC283 电路仿真结果 2

　　"A1"引脚接入高电平，"A2"引脚接入高电平，"A3"引脚接入高电平，"A4"引脚接入低电平，模拟输入数据"0111"；"B1"引脚接入高电平，"B2"引脚接入低电平，"B3"引脚接入低电平，"B4"引脚接入低电平，模拟输入数据"0001"；此时，LED1 熄灭，LED2 熄灭，LED3 熄灭，LED4 亮起，"SUM_1"引脚为低电平，"SUM_2"引脚为低电平，"SUM_3"引脚为低电平，"SUM_4"引脚为高电平，模拟输出数据为"1000"，如图 3-4-5 所示。

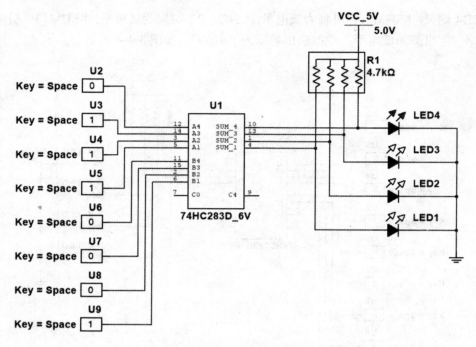

图 3-4-5　74HC283 电路仿真结果 3

"A1"引脚接入高电平，"A2"引脚接入高电平，"A3"引脚接入高电平，"A4"引脚接入低电平，模拟输入数据"0111"；"B1"引脚接入高电平，"B2"引脚接入高电平，"B3"引脚接入低电平，"B4"引脚接入低电平，模拟输入数据"0011"；此时，LED1 熄灭，LED2 亮起，LED3熄灭，LED4 亮起，"SUM_1"引脚为低电平，"SUM_2"引脚为高电平，"SUM_3"引脚为低电平，"SUM_4"引脚为高电平，模拟输出数据为"1010"，如图 3-4-6 所示。

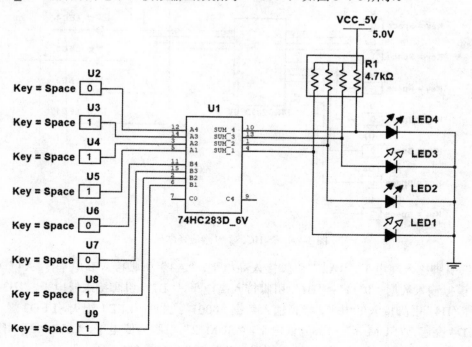

图 3-4-6　74HC283 电路仿真结果 4

读者可以根据以上方法自行验证其他情况，输出值等于两个四位输入值之和。

小提示

◎ 扫描右侧二维码可观看 74HC283 电路仿真小视频。

◎ 读者可自行仿真其他情况。

3.4.2　74LS183 电路仿真

74LS183 芯片为加法器，引脚示意图如图 3-4-7 所示。新建仿真工程文件，并命名为"74LS183.ms14"。执行 Place → Component... 命令，将 74LS183 芯片、电阻、LED 和电源等放置在图纸上，放置完毕后，执行 Place → Wire 命令，将图纸中各个元件连接起来，如图 3-4-8 所示。

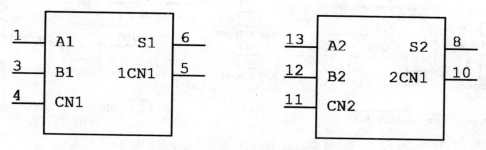

图 3-4-7　74LS183 引脚示意图

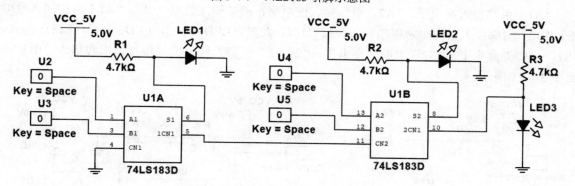

图 3-4-8　74LS183 仿真电路

执行 Simulate → ▶ Run 命令，运行仿真。由仿真结果可见："A1"引脚接入高电平，"A2"引脚接入低电平，模拟输入数据"01"；"B1"引脚接入高电平，"B2"引脚接入低电平，模拟输入数据"01"；此时，LED1 熄灭，LED2 亮起，LED3 熄灭，"S1"引脚为低电平，"S2"引脚为高电平，"2CN1"引脚为低电平，模拟输出数据为"010"，如图 3-4-9 所示。

"A1"引脚接入高电平，"A2"引脚接入低电平，模拟输入数据"01"；"B1"引脚接入低电平，"B2"引脚接入低电平，模拟输入数据"00"；此时，LED1 亮起，LED2 熄灭，LED3 熄灭，"S1"引脚为高电平，"S2"引脚为低电平，"2CN1"引脚为低电平，模拟输出数据为"001"，如图 3-4-10 所示。

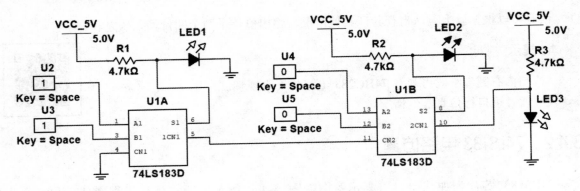

图 3-4-9　74LS183 电路仿真结果 1

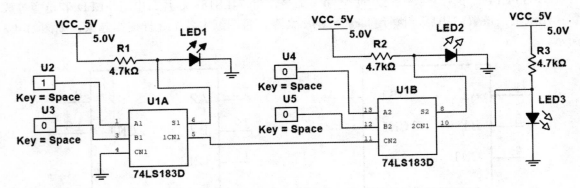

图 3-4-10　74LS183 电路仿真结果 2

"A1" 引脚接入高电平，"A2" 引脚接入低电平，模拟输入数据 "01"；"B1" 引脚接入低电平，"B2" 引脚接入高电平，模拟输入数据 "10"；此时，LED1 亮起，LED2 亮起，LED3 熄灭，"S1" 引脚为高电平，"S2" 引脚为高电平，"2CN1" 引脚为低电平，模拟输出数据为 "011"，如图 3-4-11 所示。

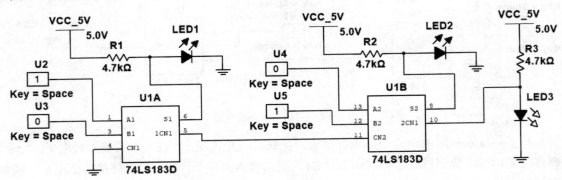

图 3-4-11　74LS183 电路仿真结果 3

"A1" 引脚接入低电平，"A2" 引脚接入高电平，模拟输入数据 "10"；"B1" 引脚接入低电平，"B2" 引脚接入高电平，模拟输入数据 "10"；此时，LED1 熄灭，LED2 熄灭，LED3 亮起，"S1" 引脚为低电平，"S2" 引脚为低电平，"2CN1" 引脚为高电平，模拟输出数据为 "100"，如图 3-4-12 所示。

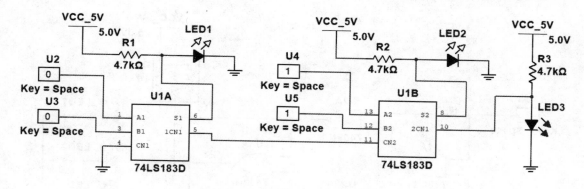

图 3-4-12　74LS183 电路仿真结果 4

"A1"引脚接入高电平，"A2"引脚接入高电平，模拟输入数据"11"；"B1"引脚接入高电平，"B2"引脚接入高电平，模拟输入数据"11"；此时，LED1 熄灭，LED2 亮起，LED3 亮起，"S1"引脚为低电平，"S2"引脚为高电平，"2CN1"引脚为高电平，模拟输出数据为"110"，如图 3-4-13 所示。

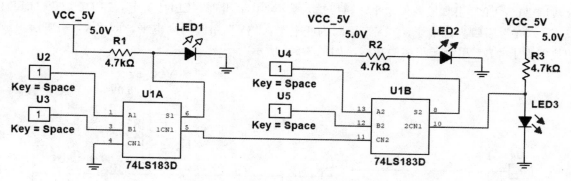

图 3-4-13　74LS183 电路仿真结果 5

读者可以根据以上方法自行验证其他情况，输出值等于两个两位输入值之和。

小提示

◎ 扫描右侧二维码可观看 74LS183 电路仿真小视频。

◎ 读者可自行仿真其他情况。

3.5　数值比较器电路仿真

3.5.1　1 位数值比较器电路仿真

1 位数值比较器电路由与非门、与门和或非门组成。新建仿真工程文件，并命名为"OneCom.ms14"。执行 Place → Component... 命令，将 7400 芯片、7402 芯片、7408 芯片、电阻、LED 和电源等放置在图纸上，放置完毕后，执行 Place → Wire 命令，将图纸中各个元件连接起来，执行 Place → A Text 命令，为其放置文本，如图 3-5-1 所示。

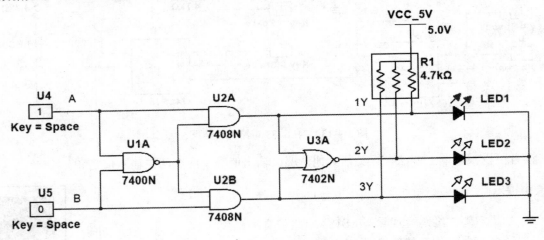

图 3-5-1　1 位比较器仿真电路

执行 <u>S</u>imulate → ▶ <u>R</u>un 命令，运行仿真。由仿真结果可见："A"引脚接入高电平，模拟输入数据"1"；"B"引脚接入低电平，模拟输入数据"0"；此时，LED1 亮起，LED2 熄灭，LED3 熄灭，"1Y"引脚为高电平，"2Y"引脚为低电平，"3Y"引脚为高电平，即"A"引脚所组成的数据大于"B"引脚所组成的数据，如图 3-5-2 所示。

图 3-5-2　1 位比较器电路仿真结果 1

"A"引脚接入高电平，模拟输入数据"1"；"B"引脚接入高电平，模拟输入数据"1"；此时，LED1 熄灭，LED2 亮起，LED3 熄灭，"1Y"引脚为低电平，"2Y"引脚为高电平，"3Y"引脚为低电平，即"A"引脚所组成的数据等于"B"引脚所组成的数据，如图 3-5-3 所示。

"A"引脚接入低电平，模拟输入数据"0"；"B"引脚接入高电平，模拟输入数据"1"；此时，LED1 熄灭，LED2 熄灭，LED3 亮起，"1Y"引脚为低电平，"2Y"引脚为高电平，"3Y"引脚为低电平，即"A"引脚所组成的数据小于"B"引脚所组成的数据，如图 3-5-4 所示。

小提示

◎ 扫描右侧二维码可观看 1 位比较器电路仿真小视频。

◎ 读者可自行仿真其他情况。

读者可以根据以上方法自行验证其他情况，可以判断出两个输入值的大小。

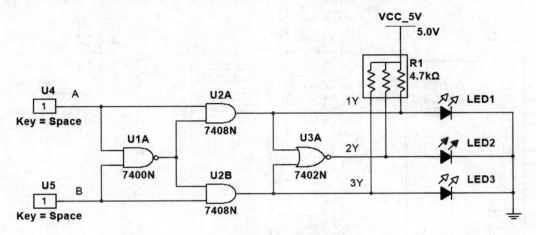

图 3-5-3　1 位比较器电路仿真结果 2

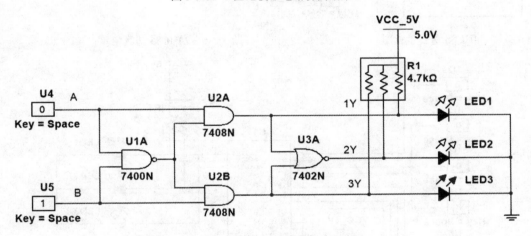

图 3-5-4　1 位比较器电路仿真结果 3

3.5.2　74HC85 电路仿真

74HC85 芯片为四位数值比较器，引脚示意图如图 3-5-5 所示。新建仿真工程文件，并命名为"74HC85.ms14"。执行 Place → Component... 命令，将 74HC85 芯片、电阻、LED 和电源等放置在图纸上，放置完毕后，执行 Place → Wire 命令，将图纸中各个元件连接起来，如图 3-5-6 所示。

执行 Simulate → ▶ Run 命令，运行仿真。由仿真结果可见："A0"引脚接入高电平，"A1"引脚接入低电平，"A2"引脚接入低电平，"A3"引脚接入低电平，模拟输入数据"0001"；"B0"引脚接入低电平，"B1"引脚接入高电平，"B2"引脚接入低电平，"B3"引脚接入低电平，模拟输入数据"0010"；此时，LED1 熄灭，LED2 熄灭，LED3 亮起，"OAGTB"引脚为低电平，"OAEQB"引脚为低电平，"OALTB"引脚为高电平，即"A0"引脚、"A1"引脚、"A2"引脚和"A3"引脚所组成的数据小于"B0"引脚、"B1"引脚、"B2"引脚和"B3"引脚所组成的数据，如图 3-5-7 所示。

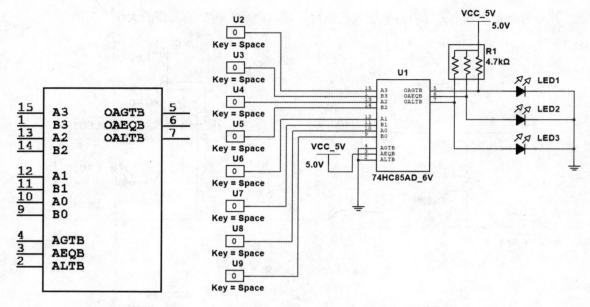

图 3-5-5　74HC85 引脚示意图　　　　　图 3-5-6　74HC85 仿真电路

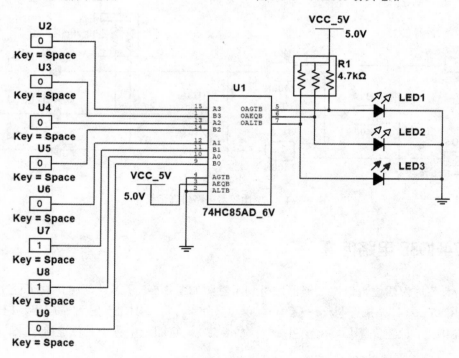

图 3-5-7　74HC85 电路仿真结果 1

　　"A0"引脚接入高电平，"A1"引脚接入低电平，"A2"引脚接入低电平，"A3"引脚接入高电平，模拟输入数据"1001"；"B0"引脚接入低电平，"B1"引脚接入高电平，"B2"引脚接入低电平，"B3"引脚接入低电平，模拟输入数据"0010"；此时，LED1 亮起，LED2 熄灭，LED3熄灭，"OAGTB"引脚为高电平，"OAEQB"引脚为低电平，"OALTB"引脚为低电平，即"A0"引脚、"A1"引脚、"A2"引脚和"A3"引脚所组成的数据大于"B0"引脚、"B1"引脚、"B2"引脚和"B3"引脚所组成的数据，如图 3-5-8 所示。

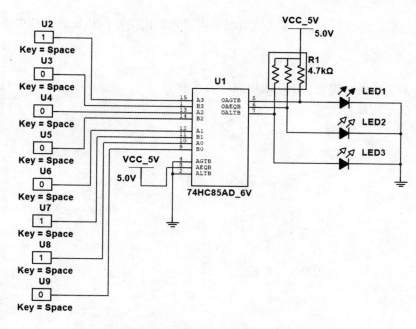

图 3-5-8　74HC85 电路仿真结果 2

　　"A0"引脚接入高电平，"A1"引脚接入高电平，"A2"引脚接入高电平，"A3"引脚接入高电平，模拟输入数据"1111"；"B0"引脚接入高电平，"B1"引脚接入高电平，"B2"引脚接入高电平，"B3"引脚接入高电平，模拟输入数据"1111"；此时，LED1 熄灭，LED2 亮起，LED3 熄灭，"OAGTB"引脚为低电平，"OAEQB"引脚为高电平，"OALTB"引脚为低电平，即"A0"引脚、"A1"引脚、"A2"引脚和"A3"引脚所组成的数据等于"B0"引脚、"B1"引脚、"B2"引脚和"B3"引脚所组成的数据，如图 3-5-9 所示。

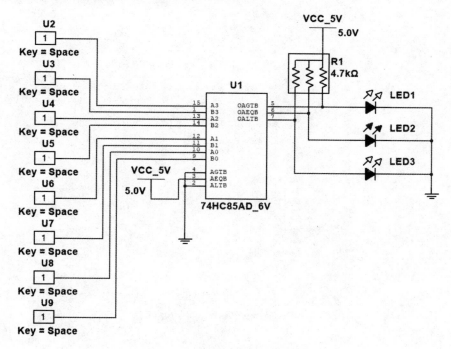

图 3-5-9　74HC85 电路仿真结果 3

读者可以根据以上方法自行验证其他情况，可以判断出两个四位输入值的大小。

小提示

◎ 扫描右侧二维码可观看 74HC85 电路仿真小视频。

◎ 读者可自行仿真其他情况。

第4章 时序逻辑电路仿真

4.1 寄存器电路仿真

4.1.1 74HC175 电路仿真

74HC175 芯片内部由 4 个边沿触发器组成，可以构成 4 位寄存器，其引脚示意图如图 4-1-1 所示。新建仿真工程文件，并命名为 "74HC175.ms14"。执行 Place → Component... 命令，将 74HC175 芯片、电阻、LED 和电源等放置在图纸上，放置完毕后，执行 Place → Wire 命令，将图纸中各个元件连接起来，如图 4-1-2 所示。

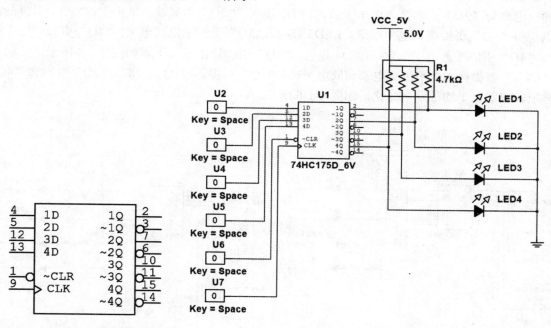

图 4-1-1 74HC175 引脚示意图   图 4-1-2 74HC175 仿真电路

执行 Simulate → ▶ Run 命令，运行仿真。由仿真结果可见：当 "~CLR" 引脚接入低电平时，无论 "CLK" 引脚所接入的电平如何变化，"1Q" 引脚的输出电平不随 "1D" 引脚接入电平的变化而变化，"2Q" 引脚的输出电平不随 "2D" 引脚接入电平的变化而变化，"3Q" 引脚的输出电平不随 "3D" 引脚接入电平的变化而变化，"4Q" 引脚的输出电平不随 "4D" 引脚接入电平的变化而变化，LED1、LED2、LED3 和 LED4 均熄灭，"1Q" 引脚、"21Q" 引脚、"3Q" 引脚和 "4Q" 引脚均为低电平，如图 4-1-3 和图 4-1-4 所示。

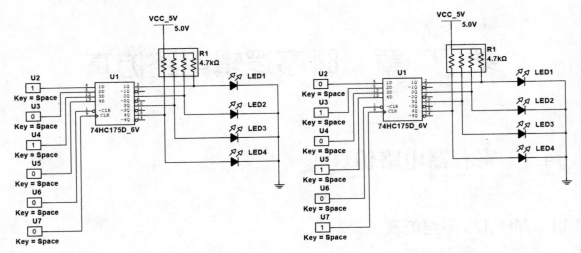

图 4-1-3　74HC175 电路仿真结果 1　　　　图 4-1-4　74HC175 电路仿真结果 2

　　当"~CLR"引脚接入高电平时，"1D"引脚接入高电平，"2D"引脚接入低电平，"3D"引脚接入高电平，"4D"引脚接入低电平。当"CLK"引脚接入电平由低电平到高电平时，"1Q"引脚的输出电平与"1D"引脚接入电平一致，LED1 亮起，"1Q"引脚输出高电平；"2Q"引脚的输出电平与"2D"引脚接入电平一致，LED2 熄灭，"2Q"引脚输出低电平；"3Q"引脚的输出电平与"3D"引脚接入电平一致，LED3 亮起，"3Q"引脚输出高电平；"4Q"引脚的输出电平与"4D"引脚接入电平一致，LED4 熄灭，"4Q"引脚输出低电平，如图 4-1-5 所示。此时，当"CLK"引脚接入电平由高电平到低电平时，"1Q"引脚、"21Q"引脚、"3Q"引脚和"4Q"引脚所输出的电平均不发生变化，如图 4-1-6 所示。

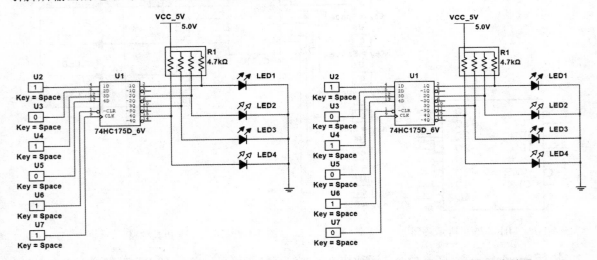

图 4-1-5　74HC175 电路仿真结果 3　　　　图 4-1-6　74HC175 电路仿真结果 4

　　当"~CLR"引脚接入高电平时，"1D"引脚接入高电平，"2D"引脚接入低电平，"3D"引脚接入高电平，"4D"引脚接入高电平。当"CLK"引脚接入电平由低电平到高电平时，"1Q"引脚的输出电平与"1D"引脚接入电平一致，LED1 亮起，"1Q"引脚输出高电平；"2Q"引脚的输出电平与"2D"引脚接入电平一致，LED2 熄灭，"2Q"引脚输出低电平；"3Q"引脚的输出电平与"3D"引脚接入电平一致，LED3 亮起，"3Q"引脚输出高电平；"4Q"引脚的输出电平与"4D"引脚接入电平一致，LED4 亮起，"4Q"引脚输出高电平，如图 4-1-7 所示。此时，当"CLK"引脚接入电平由高电平到低电平时，"1Q"引脚、"21Q"引脚、"3Q"引脚和"4Q"引脚所输出的电平均不发生变化，如图 4-1-8 所示。

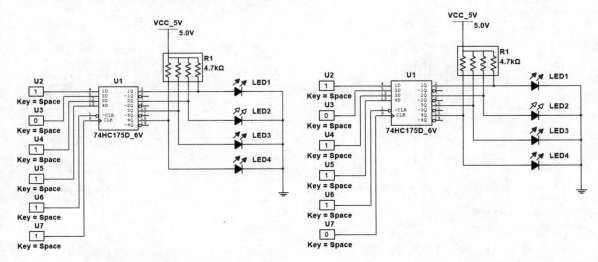

图 4-1-7　74HC175 电路仿真结果 5　　　　　图 4-1-8　74HC175 电路仿真结果 6

🔲 **小提示**

◎ 扫描右侧二维码可观看 74HC175 电路仿真小视频。

◎ 读者可自行仿真其他情况。

4.1.2　74LS75 电路仿真

74LS75 芯片内部含有 4 个电平触发器组成，可以构成 4 位寄存器，引脚示意图如图 4-1-9 所示。新建仿真工程文件，并命名为"74LS75.ms14"。执行 Place → Component... 命令，将 74LS75 芯片、电阻、LED 和电源等放置在图纸上，放置完毕后，执行 Place → Wire 命令，将图纸中各个元件连接起来，如图 4-1-10 所示。

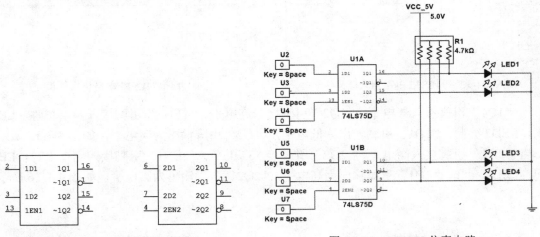

图 4-1-9　74LS75 引脚示意图　　　　　　　图 4-1-10　74LS75 仿真电路

执行 <u>S</u>imulate → ▶ <u>R</u>un 命令，运行仿真。由仿真结果可见：当"1EN1"引脚接入低电平时，"1Q1"引脚的输出电平不随"1D1"引脚接入电平的变化而变化，"1Q2"引脚的输出电平不随"1D2"引脚接入电平的变化而变化，如图 4-1-11 和图 4-1-12 所示。

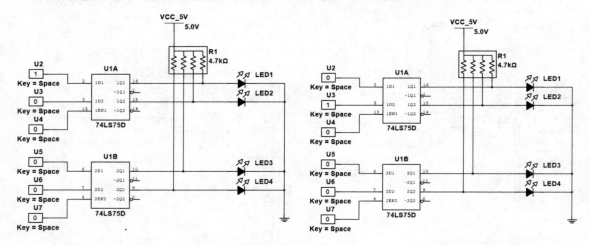

图 4-1-11　74LS75 电路仿真结果 1　　　　　图 4-1-12　74LS75 电路仿真结果 2

当"1Q1"引脚接入高电平、"1Q2"引脚接入低电平、"1EN1"引脚接入高电平时，LED1 亮起，LED2 熄灭，"1Q1"引脚输出为高电平，"1Q2"引脚输出为低电平，如图 4-1-13 所示。

当"1Q1"引脚接入高电平、"1Q2"引脚接入高电平、"1EN1"引脚接入高电平时，LED1 亮起，LED2 亮起，"1Q1"引脚输出为高电平，"1Q2"引脚输出为高电平，如图 4-1-14 所示。

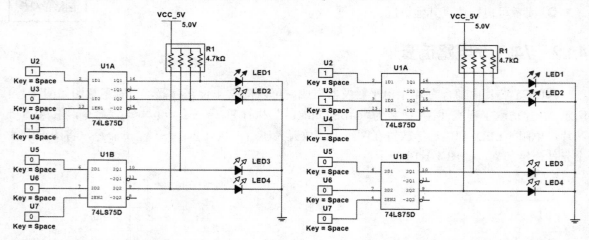

图 4-1-13　74LS75 电路仿真结果 3　　　　　图 4-1-14　74LS75 电路仿真结果 4

当"1Q1"引脚接入低电平、"1Q2"引脚接入高电平、"1EN1"引脚接入高电平时，LED1 熄灭，LED2 亮起，"1Q1"引脚输出为低电平，"1Q2"引脚输出为高电平，如图 4-1-15 所示。

当"2Q1"引脚接入高电平、"2Q2"引脚接入高电平、"2EN1"引脚接入高电平时，LED3 亮起，LED4 亮起，"2Q1"引脚输出为高电平，"2Q2"引脚输出为高电平，如图 4-1-16 所示。

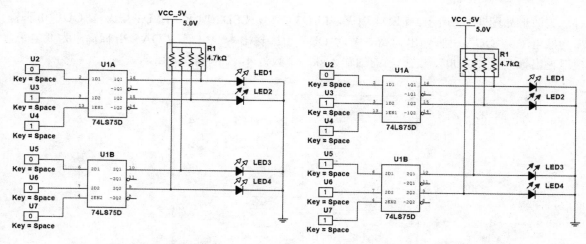

图 4-1-15　74LS75 电路仿真结果 5　　　　图 4-1-16　74LS75 电路仿真结果 6

小提示

◎ 扫描右侧二维码可观看 74LS75 电路仿真小视频。

◎ 读者可自行仿真其他情况。

4.2　计数器电路仿真

4.2.1　74HC160 电路仿真

74HC160 芯片是四位十进制同步计数器，引脚示意图如图 4-2-1 所示。新建仿真工程文件，并命名为 "74HC160.ms14"。执行 Place → Component... 命令，将 74HC160 芯片、电阻、LED 和电源等放置在图纸上，放置完毕后，执行 Place → Wire 命令，将图纸中各个元件连接起来，如图 4-2-2 所示。

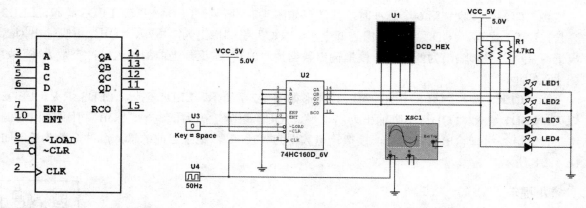

图 4-2-1　74HC160 引脚示意图　　　　图 4-2-2　74HC160 仿真电路

执行 Simulate → ▶ Run 命令，运行仿真。由仿真结果可见：当 "CLK" 接收到第 4 个脉冲时，其波形如图 4-2-3 所示，LED4 熄灭，LED3 亮起，LED2 熄灭，LED1 熄灭，"QD"引脚输出为低电平，"QC"引脚输出为高电平，"QB"引脚输出为低电平，"QA"引脚输出为低电平，模拟输出数据为"0100"，记录当前的输入脉冲个数为 4，如图 4-2-4 所示。

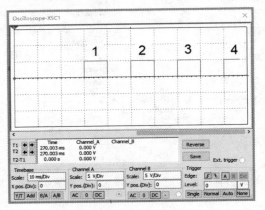

图 4-2-3　示波器波形 1

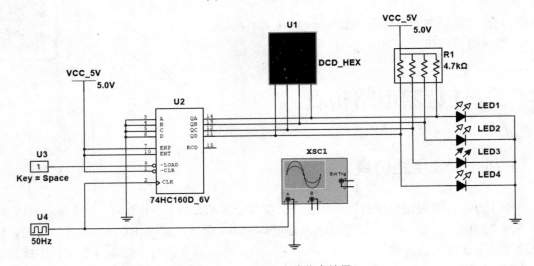

图 4-2-4　74HC160 电路仿真结果 1

当"CLK"接收到第 6 个脉冲时，其波形如图 4-2-5 所示，LED4 熄灭，LED3 亮起，LED2 亮起，LED1 熄灭，"QD"引脚输出为低电平，"QC"引脚输出为高电平，"QB"引脚输出为高电平，"QA"引脚输出为低电平，模拟输出数据为"0110"，记录当前的输入脉冲个数为 6，如图 4-2-6 所示。

当"CLK"接收到第 8 个脉冲时，其波形如图 4-2-7 所示，LED4 亮起，LED3 熄灭，LED2 熄灭，LED1 熄灭，"QD"引脚输出为高电平，"QC"引脚输出为低电平，"QB"引脚输出为低电平，"QA"引脚输出为低电平，模拟输出数据为"1000"，记录当前的输入脉冲个数为 8，如图 4-2-8 所示。

小提示

◎ 扫描右侧二维码可观看 74HC160 电路仿真小视频。

◎ 读者可自行仿真其他情况。

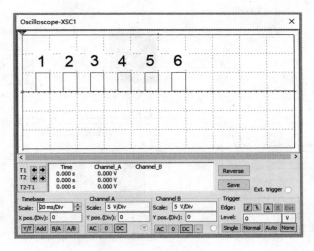

图 4-2-5　示波器波形 2

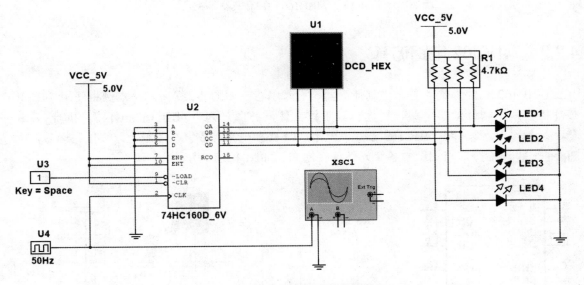

图 4-2-6　74HC160 电路仿真结果 2

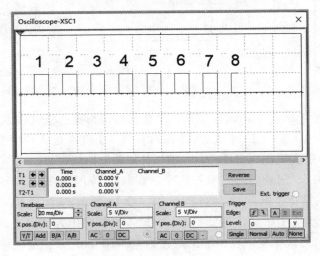

图 4-2-7　示波器波形 3

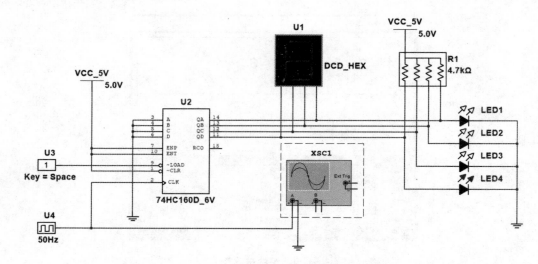

图 4-2-8　74HC160 电路仿真结果 3

4.2.2　74HC162 电路仿真

74HC162 芯片为是 4 位十进制计数器，引脚示意图如图 4-2-9 所示。本例将使用 74HC162 芯片搭建六进制计数器电路。新建仿真工程文件，并命名为"74HC162.ms14"。执行 <u>Place</u> → <u>Component...</u> 命令，将 74HC162 芯片、电阻、LED 和电源等放置在图纸上，放置完毕后，执行 <u>Place</u> → <u>Wire</u> 命令，将图纸中各个元件连接起来，如图 4-2-10 所示。

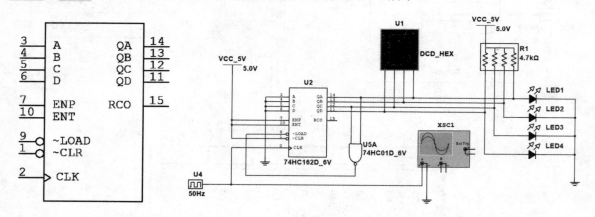

图 4-2-9　74HC162 引脚示意图 　　　　　 图 4-2-10　74HC162 仿真电路

执行 <u>Simulate</u> → ▶ <u>Run</u> 命令，运行仿真。由仿真结果可见：当"CLK"接收到第 1 个脉冲时，其波形如图 4-2-11 所示，LED4 熄灭，LED3 熄灭，LED2 熄灭，LED1 亮起，"QD"引脚输出为低电平，"QC"引脚输出为低电平，"QB"引脚输出为低电平，"QA"引脚输出为高电平，模拟输出数据为"0001"，记录当前的输入脉冲个数为 1，如图 4-2-12 所示。

当"CLK"接收到第 2 个脉冲时，其波形如图 4-2-13 所示，LED4 熄灭，LED3 熄灭，LED2 亮起，LED1 熄灭，"QD"引脚输出为低电平，"QC"引脚输出为低电平，"QB"引脚输出为高电平，"QA"引脚输出为低电平，模拟输出数据为"0010"，记录当前的输入脉冲个数为 2，如图 4-2-14 所示。

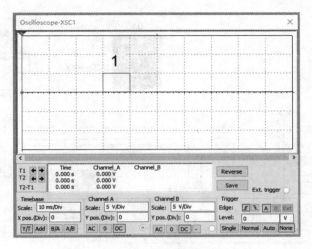

图 4-2-11　示波器波形 1

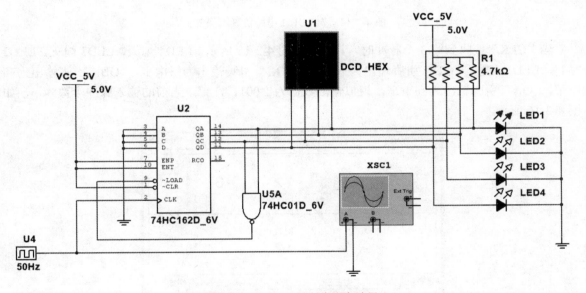

图 4-2-12　74HC162 电路仿真结果 1

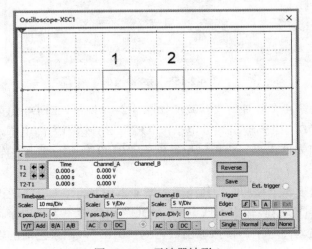

图 4-2-13　示波器波形 2

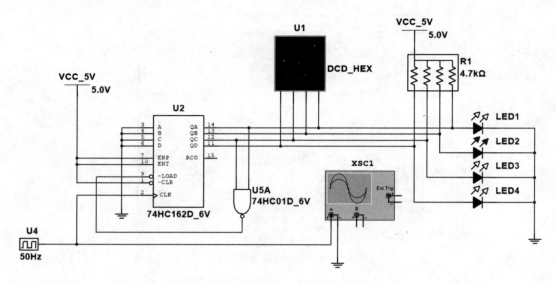

图 4-2-14　74HC162 电路仿真结果 2

当 "CLK" 接收到第 3 个脉冲时，其波形如图 4-2-15 所示，LED4 熄灭，LED3 熄灭，LED2 亮起，LED1 亮起，"QD" 引脚输出为低电平，"QC" 引脚输出为低电平，"QB" 引脚输出为高电平，"QA" 引脚输出为高电平，模拟输出数据为 "0011"，记录当前的输入脉冲个数为 3，如图 4-2-16 所示。

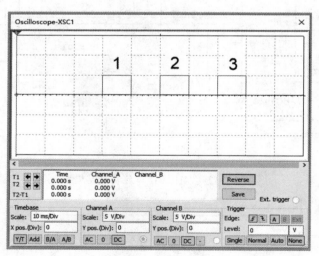

图 4-2-15　示波器波形 3

当 "CLK" 接收到第 4 个脉冲时，其波形如图 4-2-17 所示，LED4 熄灭，LED3 亮起，LED2 熄灭，LED1 熄灭，"QD" 引脚输出为低电平，"QC" 引脚输出为高电平，"QB" 引脚输出为低电平，"QA" 引脚输出为低电平，模拟输出数据为 "0100"，记录当前的输入脉冲个数为 4，如图 4-2-18 所示。

当 "CLK" 接收到第 5 个脉冲时，其波形如图 4-2-19 所示，LED4 熄灭，LED3 亮起，LED2 熄灭，LED1 亮起，"QD" 引脚输出为低电平，"QC" 引脚输出为高电平，"QB" 引脚输出为低电平，"QA" 引脚输出为高电平，模拟输出数据为 "0101"，记录当前的输入脉冲个数为 5，如图 4-2-20 所示。

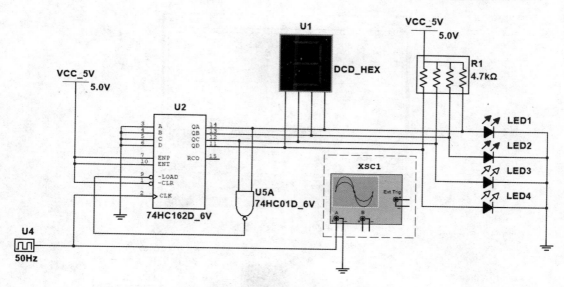

图 4-2-16 74HC162 电路仿真结果 3

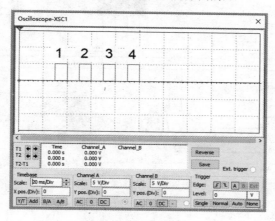

图 4-2-17 示波器波形 4

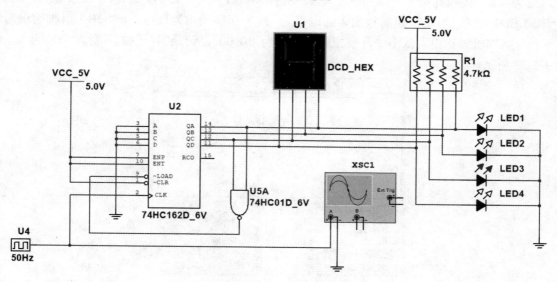

图 4-2-18 74HC162 电路仿真结果 4

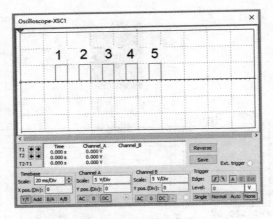

图 4-2-19　示波器波形 5

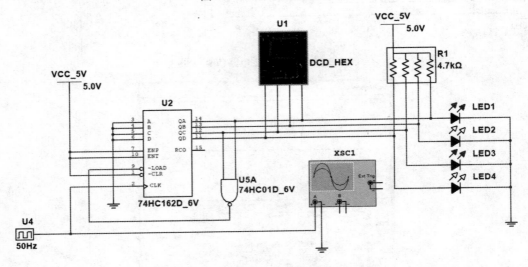

图 4-2-20　74HC162 电路仿真结果 5

　　当"CLK"接收到第 6 个脉冲时，其波形如图 4-2-21 所示，LED4 熄灭，LED3 熄灭，LED2 熄灭，LED1 熄灭，"QD"引脚输出为低电平，"QC"引脚输出为低电平，"QB"引脚输出为低电平，"QA"引脚输出为低电平，模拟输出数据为"0000"，记录当前的输入脉冲个数为 6，如图 4-2-22 所示。

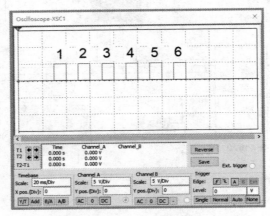

图 4-2-21　示波器波形 6

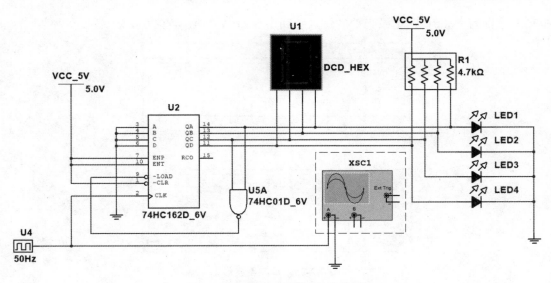

图 4-2-22　74HC162 电路仿真结果 6

小提示

◎ 扫描右侧二维码可观看 74HC162 电路仿真小视频。

◎ 读者可自行仿真其他情况。

4.2.3　74HC163 电路仿真

74HC163 芯片是 4 位十六进制同步计数器，引脚示意图如图 4-2-23 所示。新建仿真工程文件，并命名为"74HC163.ms14"。执行 Place → Component... 命令，将 74HC163 芯片、电阻、LED 和电源等放置在图纸上，放置完毕后，执行 Place → Wire 命令，将图纸中各个元件连接起来，如图 4-2-24 所示。

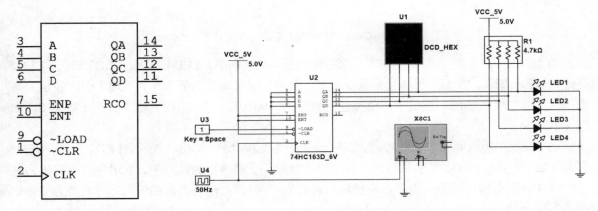

图 4-2-23　74HC163 引脚示意图　　　　　　图 4-2-24　74HC163 仿真电路

执行 Simulate → ▶ Run 命令，运行仿真。由仿真结果可见：当"CLK"接收到第 1 个脉冲时，其波形如图 4-2-25 所示，LED4 熄灭，LED3 熄灭，LED2 熄灭，LED1 亮起，"QD"引脚输出为低电平，"QC"引脚输出为低电平，"QB"引脚输出为低电平，"QA"引脚输出为高电平，模拟输出数据为"0001"，记录当前的输入脉冲个数为 1，如图 4-2-26 所示。

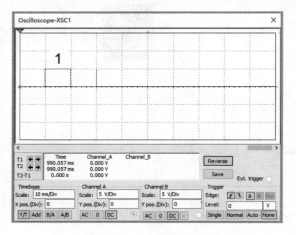

图 4-2-25　示波器波形 1

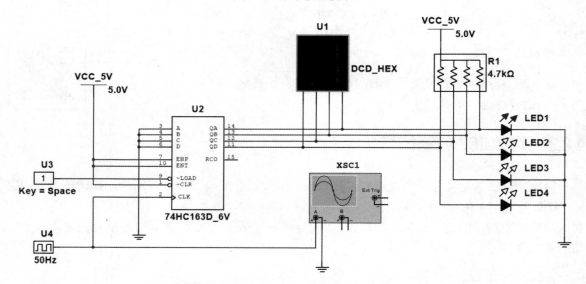

图 4-2-26　74HC163 电路仿真结果 1

当"CLK"接收到第 2 个脉冲时，其波形如图 4-2-27 所示，LED4 熄灭，LED3 熄灭，LED2 亮起，LED1 熄灭，"QD"引脚输出为低电平，"QC"引脚输出为低电平，"QB"引脚输出为高电平，"QA"引脚输出为低电平，模拟输出数据为"0010"，记录当前的输入脉冲个数为 2，如图 4-2-28 所示。

当"CLK"接收到第 3 个脉冲时，其波形如图 4-2-29 所示，LED4 熄灭，LED3 熄灭，LED2 亮起，LED1 亮起，"QD"引脚输出为低电平，"QC"引脚输出为低电平，"QB"引脚输出为高电平，"QA"引脚输出为高电平，模拟输出数据为"0011"，记录当前的输入脉冲个数为 3，如图 4-2-30 所示。

当"CLK"接收到第 4 个脉冲时，其波形如图 4-2-31 所示，LED4 熄灭，LED3 亮起，LED2 熄灭，LED1 熄灭，"QD"引脚输出为低电平，"QC"引脚输出为高电平，"QB"引脚输出为低电平，"QA"引脚输出为低电平，模拟输出数据为"0100"，记录当前的输入脉冲个数为 4，如图 4-2-32 所示。

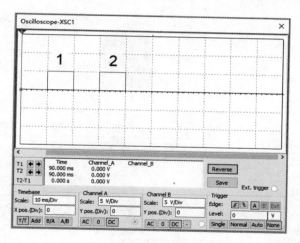

图 4-2-27　示波器波形 2

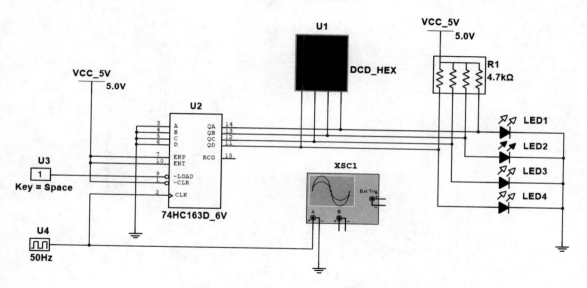

图 4-2-28　74HC163 电路仿真结果 2

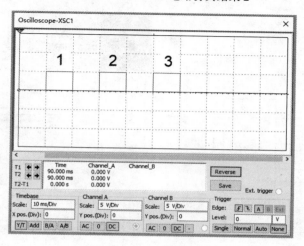

图 4-2-29　示波器波形 3

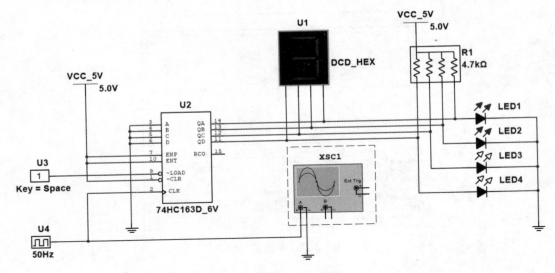

图 4-2-30　74HC163 电路仿真结果 3

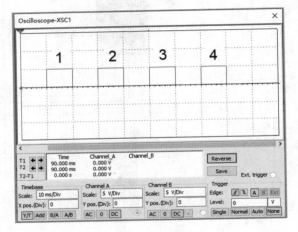

图 4-2-31　示波器波形 4

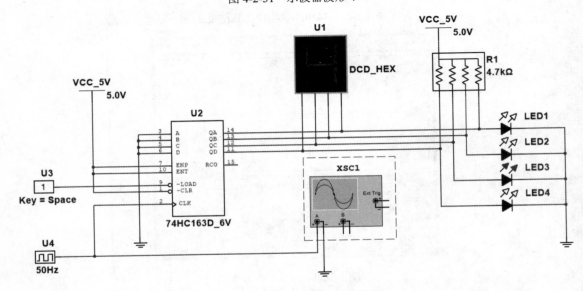

图 4-2-32　74HC163 电路仿真结果 4

当"CLK"接收到第 8 个脉冲时,其波形如图 4-2-33 所示,LED4 亮起,LED3 熄灭,LED2 熄灭,LED1 熄灭,"QD"引脚输出为高电平,"QC"引脚输出为低电平,"QB"引脚输出为低电平,"QA"引脚输出为低电平,模拟输出数据为"1000",记录当前的输入脉冲个数为 8,如图 4-2-34 所示。

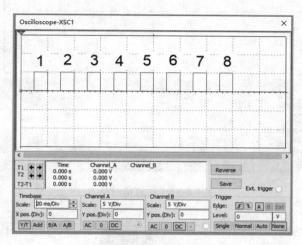

图 4-2-33 示波器波形 5

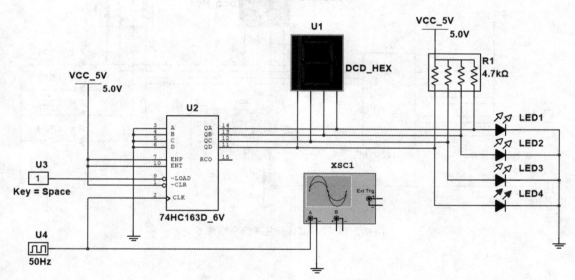

图 4-2-34 74HC163 电路仿真结果 5

当"CLK"接收到第 15 个脉冲时,其波形如图 4-2-35 所示,LED4 亮起,LED3 亮起,LED2 亮起,LED1 亮起,"QD"引脚输出为高电平,"QC"引脚输出为高电平,"QB"引脚输出为高电平,"QA"引脚输出为高电平,模拟输出数据为"1111",记录当前的输入脉冲个数为 15,如图 4-2-36 所示。

🔲 小提示

◎ 扫描右侧二维码可观看 74HC163 电路仿真小视频。

◎ 读者可自行仿真其他情况。

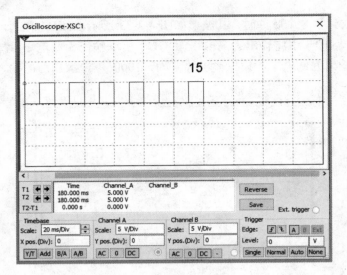

图 4-2-35　示波器波形 6

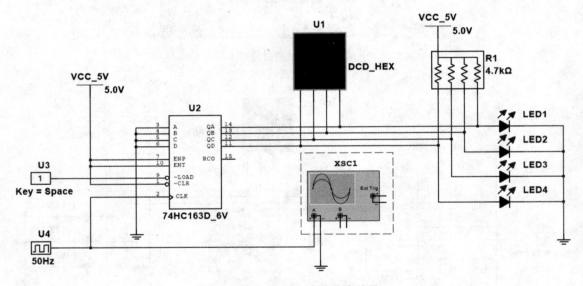

图 4-2-36　74HC163 电路仿真结果 6

4.3　顺序脉冲发生器电路仿真

4.3.1　8 路顺序脉冲发生器电路仿真

8 路顺序脉冲发生器主要由 74HC161 计数器和 74HC138 译码器组成。新建仿真工程文件，并命名为 "Eight.ms14"。执行 Place → Component... 命令，将 74HC161 芯片、74HC138 芯片、电阻、LED 和电源等放置在图纸上，放置完毕后，执行 Place → Wire 命令，将图纸中各个元件连接起来，如图 4-3-1 所示。

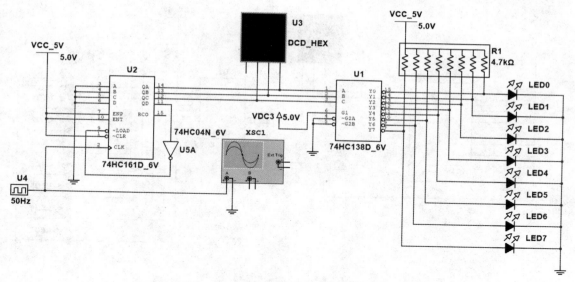

图 4-3-1   8 路顺序脉冲发生器仿真电路

执行 Simulate → ▶ Run 命令，运行仿真。由仿真结果可见：当"CLK"接收到第 1 个脉冲时，LED0 亮起，LED1 熄灭，LED2 亮起，LED3 亮起，LED4 亮起，LED5 亮起，LED6 亮起，LED7 亮起，"Y0"引脚输出为高电平，"Y1"引脚输出为低电平，"Y2"引脚输出为高电平，"Y3"引脚输出为高电平，"Y4"引脚输出为高电平，"Y5"引脚输出为高电平，"Y6"引脚输出为高电平，"Y7"引脚输出为高电平，如图 4-3-2 所示。

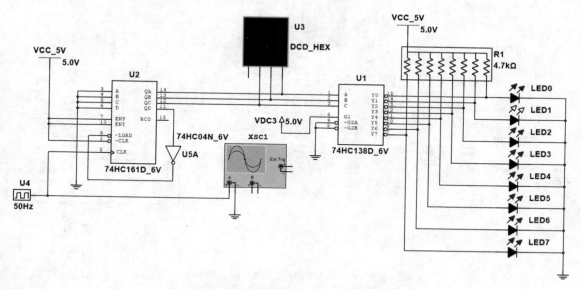

图 4-3-2   8 路顺序脉冲发生器电路仿真结果 1

当"CLK"接收到第 2 个脉冲时，LED0 亮起，LED1 亮起，LED2 熄灭，LED3 亮起，LED4 亮起，LED5 亮起，LED6 亮起，LED7 亮起，"Y0"引脚输出为高电平，"Y1"引脚输出为高电平，"Y2"引脚输出为低电平，"Y3"引脚输出为高电平，"Y4"引脚输出为高电平，"Y5"引脚输出为高电平，"Y6"引脚输出为高电平，"Y7"引脚输出为高电平，如图 4-3-3 所示。

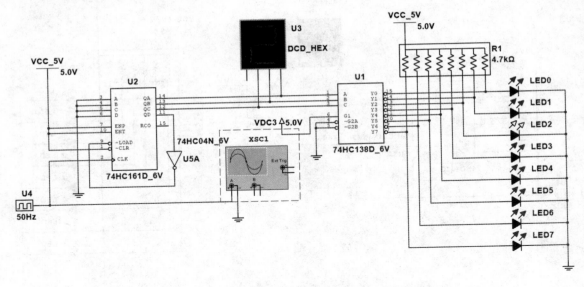

图 4-3-3　8 路顺序脉冲发生器电路仿真结果 2

当"CLK"接收到第 3 个脉冲时，LED0 亮起，LED1 亮起，LED2 亮起，LED3 熄灭，LED4 亮起，LED5 亮起，LED6 亮起，LED7 亮起，"Y0"引脚输出为高电平，"Y1"引脚输出为高电平，"Y2"引脚输出为高电平，"Y3"引脚输出为低电平，"Y4"引脚输出为高电平，"Y5"引脚输出为高电平，"Y6"引脚输出为高电平，"Y7"引脚输出为高电平，如图 4-3-4 所示。

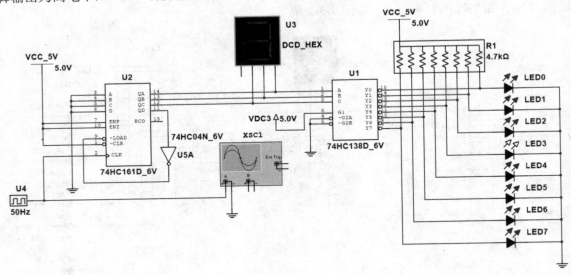

图 4-3-4　8 路顺序脉冲发生器电路仿真结果 3

当"CLK"接收到第 4 个脉冲时，LED0 亮起，LED1 亮起，LED2 亮起，LED3 亮起，LED4 熄灭，LED5 亮起，LED6 亮起，LED7 亮起，"Y0"引脚输出为高电平，"Y1"引脚输出为高电平，"Y2"引脚输出为高电平，"Y3"引脚输出为高电平，"Y4"引脚输出为低电平，"Y5"引脚输出为高电平，"Y6"引脚输出为高电平，"Y7"引脚输出为高电平，如图 4-3-5 所示。

当"CLK"接收到第 5 个脉冲时，LED0 亮起，LED1 亮起，LED2 亮起，LED3 亮起，LED4 亮起，LED5 熄灭，LED6 亮起，LED7 亮起，"Y0"引脚输出为高电平，"Y1"引脚输出为高电平，"Y2"引脚输出为高电平，"Y3"引脚输出为高电平，"Y4"引脚输出为高电平，"Y5"引脚输出为低电平，"Y6"引脚输出为高电平，"Y7"引脚输出为高电平，如图4-3-6所示。

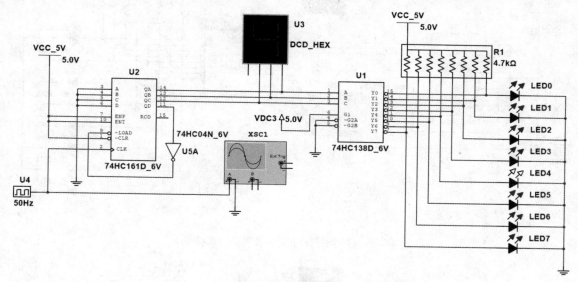

图 4-3-5　8 路顺序脉冲发生器电路仿真结果 4

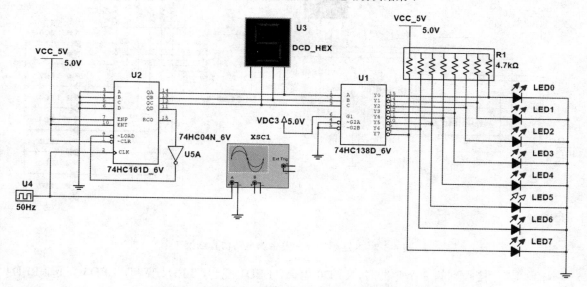

图 4-3-6　8 路顺序脉冲发生器电路仿真结果 5

当"CLK"接收到第 6 个脉冲时，LED0 亮起，LED1 亮起，LED2 亮起，LED3 亮起，LED4亮起，LED5 亮起，LED6 熄灭，LED7 亮起，"Y0"引脚输出为高电平，"Y1"引脚输出为高电平，"Y2"引脚输出为高电平，"Y3"引脚输出为高电平，"Y4"引脚输出为高电平，"Y5"引脚输出为高电平，"Y6"引脚输出为低电平，"Y7"引脚输出为高电平，如图4-3-7所示。

当"CLK"接收到第 7 个脉冲时，LED0 亮起，LED1 亮起，LED2 亮起，LED3 亮起，LED4亮起，LED5 亮起，LED6 亮起，LED7 熄灭，"Y0"引脚输出为高电平，"Y1"引脚输出为高电平，"Y2"引脚输出为高电平，"Y3"引脚输出为高电平，"Y4"引脚输出为高电平，"Y5"引脚输出为高电平，"Y6"引脚输出为高电平，"Y7"引脚输出为低电平，如图4-3-8所示。

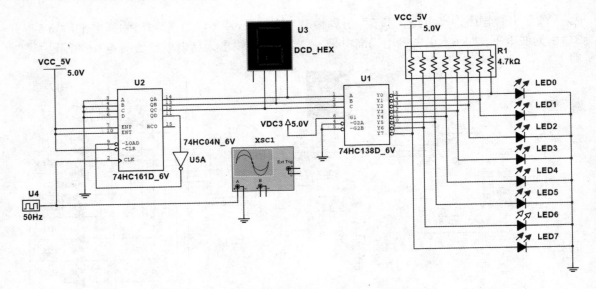

图 4-3-7　8 路顺序脉冲发生器电路仿真结果 6

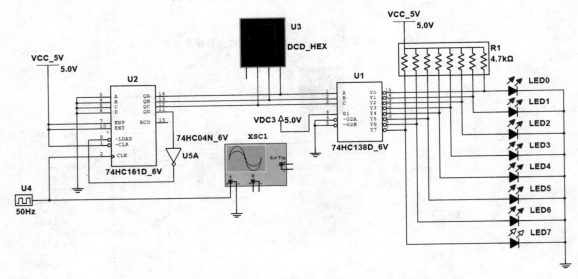

图 4-3-8　8 路顺序脉冲发生器电路仿真结果 7

当"CLK"接收到第 8 个脉冲时，LED0 熄灭，LED1 亮起，LED2 亮起，LED3 亮起，LED4 亮起，LED5 亮起，LED6 亮起，LED7 亮起，"Y0"引脚输出为低电平，"Y1"引脚输出为高电平，"Y2"引脚输出为高电平，"Y3"引脚输出为高电平，"Y4"引脚输出为高电平，"Y5"引脚输出为高电平，"Y6"引脚输出为高电平，"Y7"引脚输出为高电平，如图 4-3-9 所示。

🔲 小提示

◎ 扫描右侧二维码可观看 8 路顺序脉冲发生器电路仿真小视频。

◎ 读者可自行仿真其他情况。

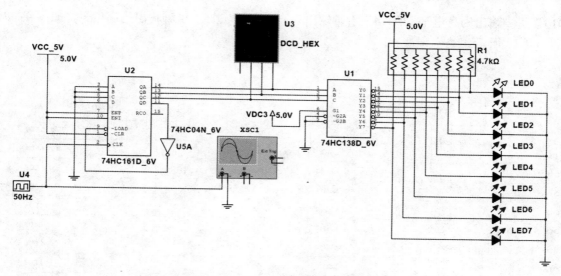

图 4-3-9　8 路顺序脉冲发生器电路仿真结果 8

4.3.2　16 路顺序脉冲发生器电路仿真

16 路顺序脉冲发生器主要由 74HC161 计数器和 74HC154 译码器组成。新建仿真工程文件，并命名为 "Sixteen.ms14"。执行 Place → Component... 命令，将 74HC161 芯片、74HC154 芯片、电阻、LED、脉冲发生器、示波器和电源等放置在图纸上，放置完毕后，执行 Place → Connectors → ⍝ On-page connector 命令，在图纸中放置网络标号。执行 Place → Wire 命令，将图纸中各个元件和网络标号连接起来，如图 4-3-10 和图 4-3-11 所示。

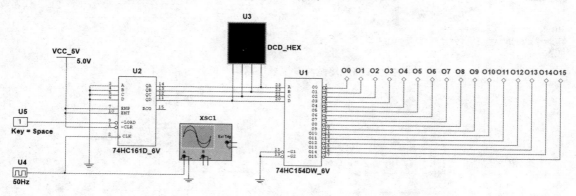

图 4-3-10　16 路顺序脉冲发生器仿真电路第一部分

执行 Simulate → ▶ Run 命令，运行仿真。由仿真结果可见：当 "CLK" 接收到第 1 个脉冲时，LED0 亮起，LED1 熄灭，LED2 亮起，LED3 亮起，LED4 亮起，LED5 亮起，LED6 亮起，LED7 亮起，LED8 亮起，LED9 亮起，LED10 亮起，LED11 亮起，LED12 亮起，LED13 亮起，LED14 亮起，LED15 亮起，"O0" 引脚输出为高电平，"O1" 引脚输出为低电平，"O2" 引脚输出为高电平，"O3" 引脚输出为高电平，"O4" 引脚输出为高电平，"O5" 引脚输出为高电平，"O6" 引脚输出为高电平，"O7" 引脚输出为高电平，"O8" 引脚输出为高电平，"O9" 引脚输出为高电平，"O10" 引脚输出为高电平，"O11" 引脚输出为高电平，"O12" 引脚输出为高电平，

"O13"引脚输出为高电平，"O14"引脚输出为高电平，"O15"引脚输出为高电平，如图 4-3-12 和图 4-3-13 所示。

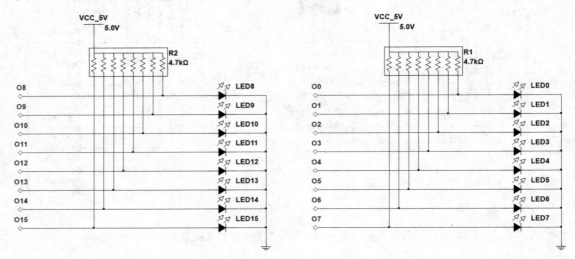

图 4-3-11　16 路顺序脉冲发生器仿真电路第二部分

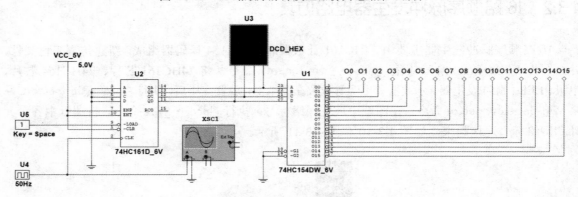

图 4-3-12　16 路顺序脉冲发生器电路第一部分仿真结果 1

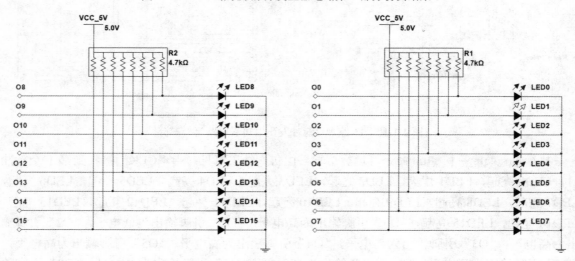

图 4-3-13　16 路顺序脉冲发生器电路第二部分仿真结果 1

当"CLK"接收到第 3 个脉冲时，LED0 亮起，LED1 亮起，LED2 亮起，LED3 熄灭，LED4 亮起，LED5 亮起，LED6 亮起，LED7 亮起，LED8 亮起，LED9 亮起，LED10 亮起，LED11 亮起，LED12 亮起，LED13 亮起，LED14 亮起，LED15 亮起，"O0"引脚输出为高电平，"O1"引脚输出为高电平，"O2"引脚输出为高电平，"O3"引脚输出为低电平，"O4"引脚输出为高电平，"O5"引脚输出为高电平，"O6"引脚输出为高电平，"O7"引脚输出为高电平，"O8"引脚输出为高电平，"O9"引脚输出为高电平，"O10"引脚输出为高电平，"O11"引脚输出为高电平，"O12"引脚输出为高电平，"O13"引脚输出为高电平，"O14"引脚输出为高电平，"O15"引脚输出为高电平，如图 4-3-14 和图 4-3-15 所示。

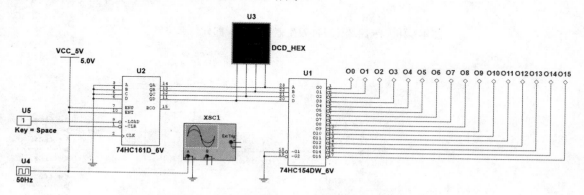

图 4-3-14 16 路顺序脉冲发生器电路第一部分仿真结果 2

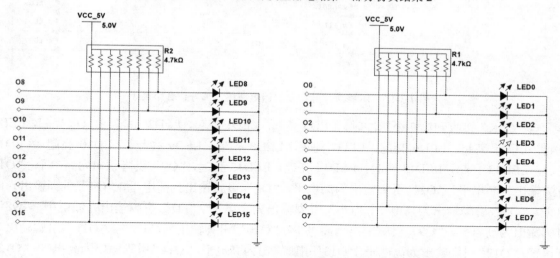

图 4-3-15 16 路顺序脉冲发生器电路第二部分仿真结果 2

当"CLK"接收到第 5 个脉冲时，LED0 亮起，LED1 亮起，LED2 亮起，LED3 亮起，LED4 亮起，LED5 熄灭，LED6 亮起，LED7 亮起，LED8 亮起，LED9 亮起，LED10 亮起，LED11 亮起，LED12 亮起，LED13 亮起，LED14 亮起，LED15 亮起，"O0"引脚输出为高电平，"O1"引脚输出为高电平，"O2"引脚输出为高电平，"O3"引脚输出为高电平，"O4"引脚输出为高电平，"O5"引脚输出为低电平，"O6"引脚输出为高电平，"O7"引脚输出为高电平，"O8"引脚输出为高电平，"O9"引脚输出为高电平，"O10"引脚输出为高电平，"O11"引脚输出为高电平，"O12"引脚输出为高电平，"O13"引脚输出为高电平，"O14"引脚输出为高电平，"O15"引脚输出为高电平，如图 4-3-16 和图 4-3-17 所示。

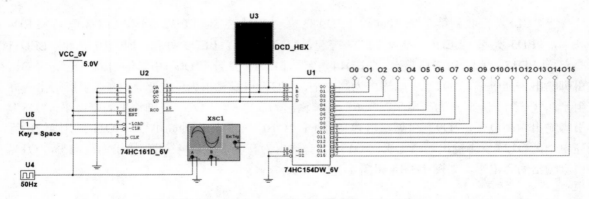

图 4-3-16　16 路顺序脉冲发生器电路第一部分仿真结果 3

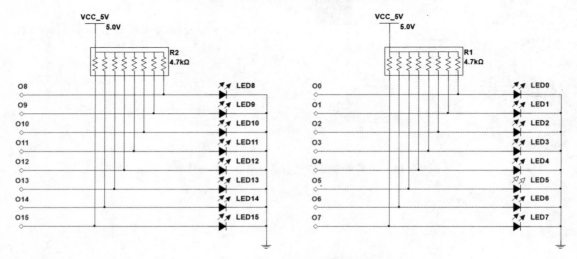

图 4-3-17　16 路顺序脉冲发生器电路第二部分仿真结果 3

当"CLK"接收到第 7 个脉冲时，LED0 亮起，LED1 亮起，LED2 亮起，LED3 亮起，LED4 亮起，LED5 亮起，LED6 亮起，LED7 熄灭，LED8 亮起，LED9 亮起，LED10 亮起，LED11 亮起，LED12 亮起，LED13 亮起，LED14 亮起，LED15 亮起，"O0"引脚输出为高电平，"O1"引脚输出为高电平，"O2"引脚输出为高电平，"O3"引脚输出为高电平，"O4"引脚输出为高电平，"O5"引脚输出为高电平，"O6"引脚输出为高电平，"O7"引脚输出为低电平，"O8"引脚输出为高电平，"O9"引脚输出为高电平，"O10"引脚输出为高电平，"O11"引脚输出为高电平，"O12"引脚输出为高电平，"O13"引脚输出为高电平，"O14"引脚输出为高电平，"O15"引脚输出为高电平，如图 4-3-18 和图 4-3-19 所示。

当"CLK"接收到第 10 个脉冲时，LED0 亮起，LED1 亮起，LED2 亮起，LED3 亮起，LED4 亮起，LED5 亮起，LED6 亮起，LED7 亮起，LED8 亮起，LED9 亮起，LED10 熄灭，LED11 亮起，LED12 亮起，LED13 亮起，LED14 亮起，LED15 亮起，"O0"引脚输出为高电平，"O1"引脚输出为高电平，"O2"引脚输出为高电平，"O3"引脚输出为高电平，"O4"引脚输出为高电平，"O5"引脚输出为高电平，"O6"引脚输出为高电平，"O7"引脚输出为高电平，"O8"引脚输出为高电平，"O9"引脚输出为高电平，"O10"引脚输出为低电平，"O11"引脚输出为高电平，"O12"引脚输出为高电平，"O13"引脚输出为高电平，"O14"引脚输出为高电平，"O15"引脚输出为高电平，如图 4-3-20 和图 4-3-21 所示。

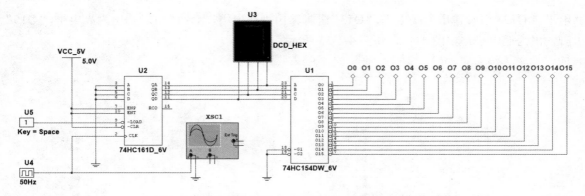

图 4-3-18   16 路顺序脉冲发生器电路第一部分仿真结果 4

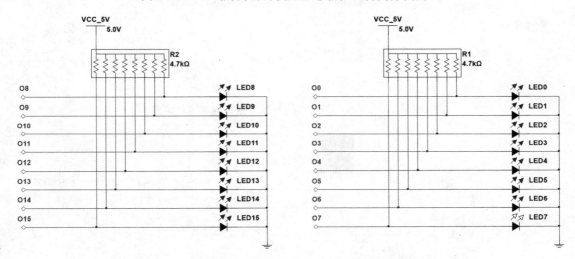

图 4-3-19   16 路顺序脉冲发生器电路第二部分仿真结果 4

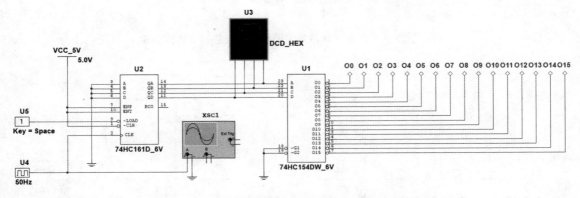

图 4-3-20   16 路顺序脉冲发生器电路第一部分仿真结果 5

当 "CLK" 接收到第 15 个脉冲时，LED0 亮起，LED1 亮起，LED2 亮起，LED3 亮起，LED4
亮起，LED5 亮起，LED6 亮起，LED7 亮起，LED8 亮起，LED9 亮起，LED10 亮起，LED11
亮起，LED12 亮起，LED13 亮起，LED14 亮起，LED15 熄灭，"O0" 引脚输出为高电平，"O1"
引脚输出为高电平，"O2" 引脚输出为高电平，"O3" 引脚输出为高电平，"O4" 引脚输出为高
电平，"O5" 引脚输出为高电平，"O6" 引脚输出为高电平，"O7" 引脚输出为高电平，"O8"
引脚输出为高电平，"O9" 引脚输出为高电平，"O10" 引脚输出为高电平，"O11" 引脚输出为

高电平,"O12"引脚输出为高电平,"O13"引脚输出为高电平,"O14"引脚输出为高电平,"O15"引脚输出为低电平,如图 4-3-22 和图 4-3-23 所示。

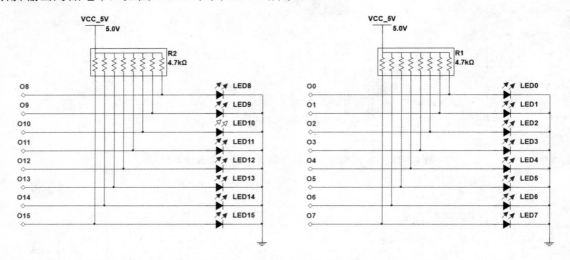

图 4-3-21　16 路顺序脉冲发生器电路第二部分仿真结果 5

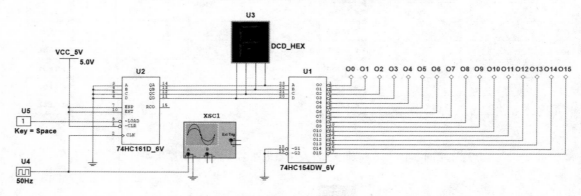

图 4-3-22　16 路顺序脉冲发生器电路第一部分仿真结果 6

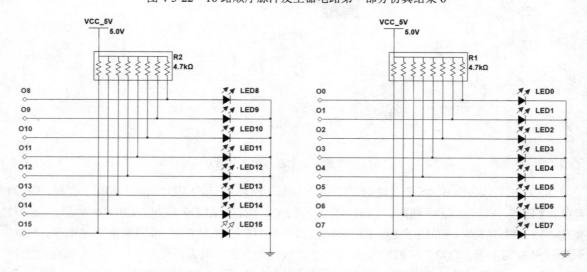

图 4-3-23　16 路顺序脉冲发生器电路第二部分仿真结果 6

🔲 小提示

◎ 扫描右侧二维码可观看 16 路顺序脉冲发生器电路仿真小视频。

◎ 读者可自行仿真其他情况。

第5章 放大电路仿真

5.1 三极管放大电路仿真

5.1.1 共射极放大电路仿真

双极型晶体管（BJT）有两种类型，分别为 NPN 型和 PNP 型，从三个杂质区域各自引出一个电极，分别叫作发射极 e、集电极 c 和基极 b。由 BJT 组成的基本放大电路包括共射极放大电路、共集电极放大电路和共基极放大电路。共射极放大电路中，信号由基极输入，集电极输出；共集电极放大电路中，信号由基极输入，发射极输出；共基极放大电路中，信号由发射极输入，集电极输出。

新建仿真工程文件，并命名为"e-BJT.ms14"。执行 Place → Component... 命令，将三极管、电阻、信号发生器、电压表、电容和电源等放置在图纸上，放置完毕后，执行 Place → Wire 命令，将图纸中各个元件连接起来，如图 5-1-1 所示。

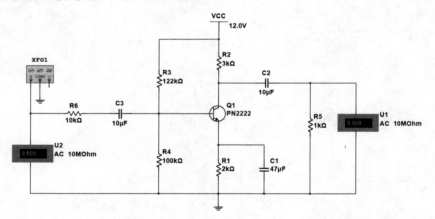

图 5-1-1   三极管共射极放大电路 1

双击信号发生器"XFG1"，弹出"Function generator-XFG1"对话框，将频率设置为"1kHz"，如图 5-1-2 所示。执行 Simulate → ▷ Run 命令，运行三极管共射极放大电路仿真，电压表 U1 示数为"0.071V"，电压表 U2 示数为"7.071mV"，如图 5-1-3 所示。可见输出电压约为输入电压的 10 倍。

执行 Simulate → ■ Stop 命令，停止三极管共射极放大电路仿真。移除电压表 U1 和电压表 U2，加入波特图仪 XBP1，如图 5-1-4 所示。执行 Simulate → ▷ Run 命令，运行三极管共射极放大电路仿真，双击波特图仪"XBP1"，其波形如图 5-1-5、图 5-1-6 和图 5-1-7 所示。

执行 Simulate → ■ Stop 命令，停止三极管共射极放大电路仿真。移除波特图仪 XBP1，加入示波器 XSC1，如图 5-1-8 所示。执行 Simulate → ▷ Run 命令，运行三极管共射极放大电路仿真，双击示波器"XSC1"，其波形如图 5-1-9 所示。可见输出信号与输入信号互为反相，波形良好未出现饱和失真和截止失真等情况。

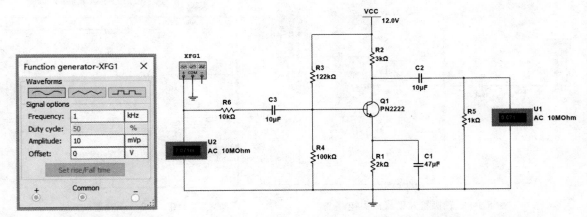

图 5-1-2　信号发生器参数设置 1　　　　　图 5-1-3　三极管共射极放大电路仿真结果 1

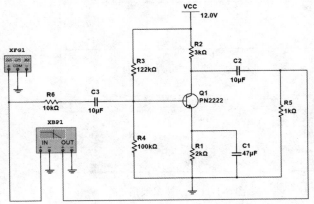

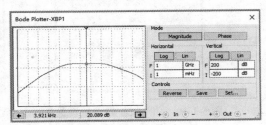

图 5-1-4　三极管共射极放大电路 2　　　　　图 5-1-5　波特图仪波形 1

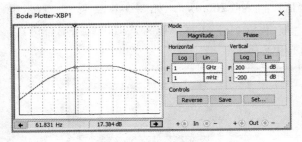

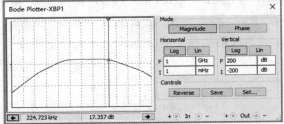

图 5-1-6　波特图仪波形 2　　　　　　　　图 5-1-7　波特图仪波形 3

　　执行 Simulate → ■ Stop 命令，停止三极管共射极放大电路仿真。移除波特图仪 XBP1，加入示波器 XSC1，如图 5-1-8 所示。执行 Simulate → ▶ Run 命令，运行三极管共射极放大电路仿真，双击示波器"XSC1"，其波形如图 5-1-9 所示，可见波形良好，未出现饱和失真和截止失真等情况，电路起到了一定的放大作用。

　　执行 Simulate → ■ Stop 命令，停止三极管共射极放大电路仿真。双击信号发生器"XFG1"，弹出"Function generator-XFG1"对话框，将幅值设置为"500mV"，如图 5-1-10 所示。执行 Simulate → ▶ Run 命令，运行三极管共射极放大电路仿真，示波器波形如图 5-1-11 所示，可见波形出现了饱和失真和截止失真。

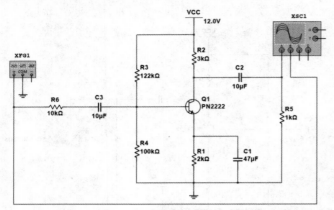

图 5-1-8　三极管共射极放大电路 3

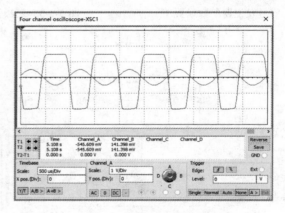

图 5-1-9　示波器波形 1

图 5-1-10　信号发生器参数设置 2

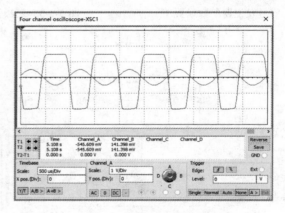

图 5-1-11　示波器波形 2

　　执行 <u>S</u>imulate → ■ Stop 命令，停止三极管共射极放大电路仿真。双击信号发生器"XFG1"，弹出"Function generator-XFG1"对话框，将幅值设置为"200mV"，如图 5-1-12 所示。双击电阻"R3"，将其设置为"200kΩ"。执行 <u>S</u>imulate → ▶ Run 命令，运行三极管共射极放大电路仿真，示波器波形如图 5-1-13 所示，可见波形出现了饱和失真。

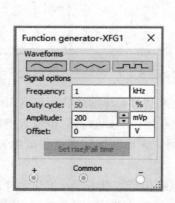

图 5-1-12　信号发生器参数设置 3

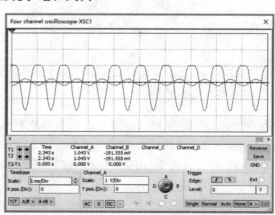

图 5-1-13　示波器波形 3

执行 <u>S</u>imulate → ■ Stop 命令，停止三极管共射极放大电路仿真。双击电阻 "R3"，将其设置为 "100kΩ"。执行 <u>S</u>imulate → ▷ <u>R</u>un 命令，运行三极管共射极放大电路仿真，示波器波形如图 5-1-14 所示，可见波形出现了截止失真。

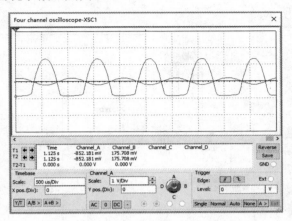

图 5-1-14　示波器波形 4

小提示

◎ 扫描右侧二维码可观看共射极放大电路仿真小视频。

◎ 读者可自行仿真其他情况。

5.1.2　共集电极放大电路仿真

新建仿真工程文件，并命名为 "c-BJT.ms14"。执行 <u>P</u>lace → <u>C</u>omponent... 命令，将三极管、电阻、信号发生器、电压表、波特图仪、示波器、电容和电源等放置在图纸上，放置完毕后，执行 <u>P</u>lace → <u>W</u>ire 命令，将图纸中各个元件连接起来，如图 5-1-15 所示。

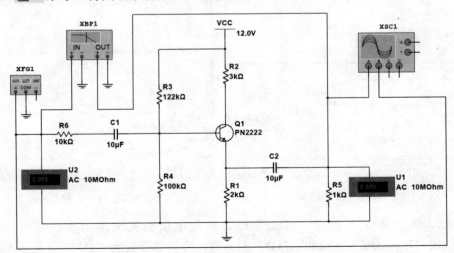

图 5-1-15　三极管共集电极放大电路

双击信号发生器 "XFG1"，弹出 "Function generator-XFG1" 对话框，将频率设置为 "5kHz"，

将幅值设置为"20mV"，如图 5-1-16 所示。执行 <u>S</u>imulate→ ▶ <u>R</u>un 命令，运行三极管共集电极放大电路仿真，电压表 U1 示数为"0.011V"，电压表 U2 示数为"0.014V"，如图 5-1-17 所示。双击波特图仪"XBP1"，其波形如图 5-1-18、图 5-1-19 和图 5-1-20 所示。双击示波器"XSC1"，示波器波形如图 5-1-21 所示。

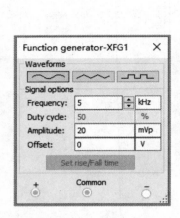

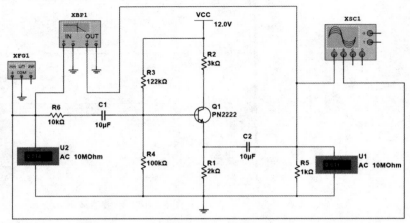

图 5-1-16　信号发生器参数设置 1　　　　图 5-1-17　三极管共集电极放大电路仿真结果 1

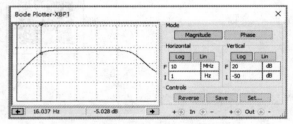

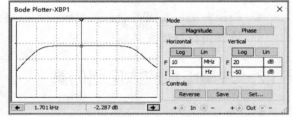

图 5-1-18　波特图仪波形 1　　　　　　　　图 5-1-19　波特图仪波形 2

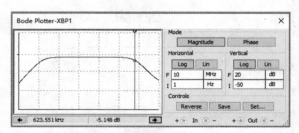

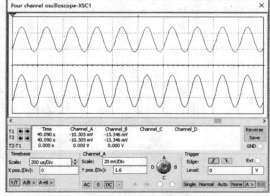

图 5-1-20　波特图仪波形 3　　　　　　　　图 5-1-21　示波器波形 1

执行 <u>S</u>imulate → ■ <u>S</u>top 命令，停止三极管共集电极放大电路仿真。双击信号发生器"XFG1"，弹出"Function generator-XFG1"对话框，将幅值设置为"2V"，如图 5-1-22 所示。执行 <u>S</u>imulate → ▶ <u>R</u>un 命令，运行三极管共集电极放大电路仿真，示波器波形如图 5-1-23 所示，可见波形出现了饱和失真和截止失真。

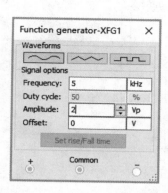

图 5-1-22 信号发生器参数设置 2

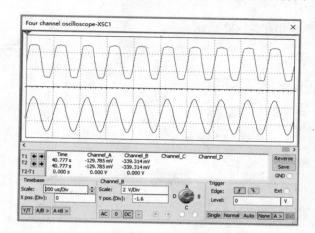

图 5-1-23 示波器波形 2

小提示

◎ 扫描右侧二维码可观看共集电极放大电路仿真小视频。

◎ 读者可自行仿真其他情况。

5.1.3 共基极放大电路仿真

新建仿真工程文件，并命名为 "b-BJT.ms14"。执行 Place → Component... 命令，将三极管、电阻、信号发生器、电压表、波特图仪、示波器、电容和电源等放置在图纸上，放置完毕后，执行 Place → Wire 命令，将图纸中各个元件连接起来，如图 5-1-24 所示。

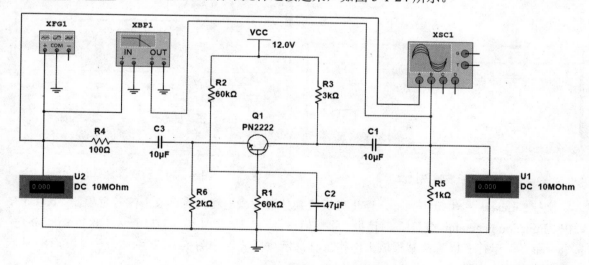

图 5-1-24 三极管共基极放大电路

双击信号发生器 "XFG1"，弹出 "Function generator-XFG1" 对话框，将频率设置为 "5kHz"，将幅值设置为 "20mV"，如图 5-1-25 所示。执行 Simulate → ▶ Run 命令，运行三极管共基极放大电路仿真，电压表 U1 示数为 "0.086V"，电压表 U2 示数为 "0.014V"，如图 5-1-26 所示。双击波特图仪 "XBP1"，其波形如图 5-1-27、图 5-1-28 和图 5-1-29 所示。双击示波器 "XSC1"，示波器波形如图 5-1-30 所示。

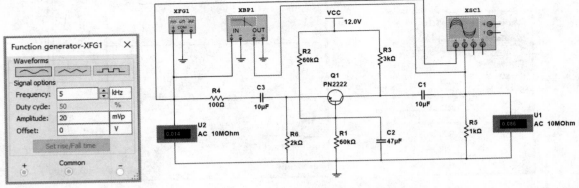

图 5-1-25　信号发生器参数设置 1　　　　图 5-1-26　三极管共基极放大电路仿真结果 1

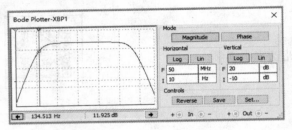

图 5-1-27　波特图仪波形 1

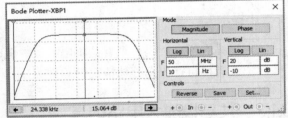

图 5-1-28　波特图仪波形 2

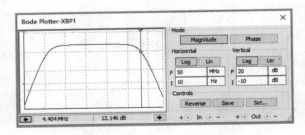

图 5-1-29　波特图仪波形 3

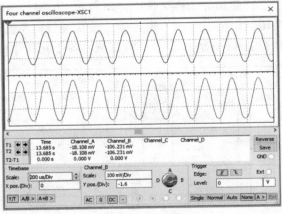

图 5-1-30　示波器波形 1

　　执行 Simulate → ■ Stop 命令，停止三极管共基极放大电路仿真。双击信号发生器"XFG1"，弹出"Function generator-XFG1"对话框，将幅值设置为"3V"，如图 5-1-31 所示。执行 Simulate → ▶ Run 命令，运行三极管共基极放大电路仿真，示波器波形如图 5-1-32 所示，可见波形出现了饱和失真和截止失真。

🔲 小提示

◎ 扫描右侧二维码可观看共基极放大电路仿真小视频。

◎ 读者可自行仿真其他情况。

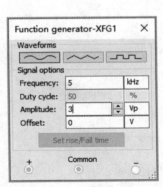

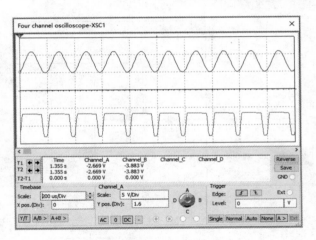

图 5-1-31　信号发生器参数设置 2　　　　　　图 5-1-32　示波器波形 2

5.1.4　共集–共基极放大电路仿真

新建仿真工程文件，并命名为"cb-BJT.ms14"。执行 <u>Place</u> → <u>Component...</u> 命令，将三极管、电阻、电压表、示波器、电容和电源等放置在图纸上，放置完毕后，执行 <u>Place</u> → <u>Wire</u> 命令，将图纸中各个元件连接起来，如图 5-1-33 所示。

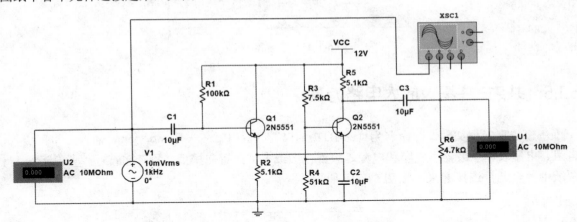

图 5-1-33　三极管共集–共基极放大电路

执行 <u>Simulate</u> → ▶ <u>Run</u> 命令，运行三极管共集–共基极放大电路仿真，电压表 U1 示数为 "0.121V"，电压表 U2 示数为 "10mV"，如图 5-1-34 所示。双击示波器 "XSC1"，示波器波形如图 5-1-35 所示，可见波形未出现饱和失真和截止失真。

📎 小提示

◎ 扫描右侧二维码可观看共集–共基极放大电路仿真小视频。

◎ 读者可自行仿真其他情况。

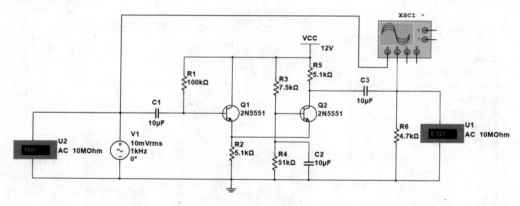

图 5-1-34　三极管共集-共基极放大电路仿真结果

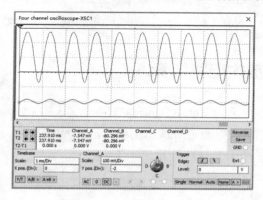

图 5-1-35　示波器波形

5.1.5　共射-共基极放大电路仿真

新建仿真工程文件，并命名为"eb-BJT.ms14"。执行 P̲lace → C̲omponent... 命令，将三极管、电阻、电压表、示波器、电容和电源等放置在图纸上，放置完毕后，执行 P̲lace → W̲ire 命令，将图纸中各个元件连接起来，如图 5-1-36 所示。

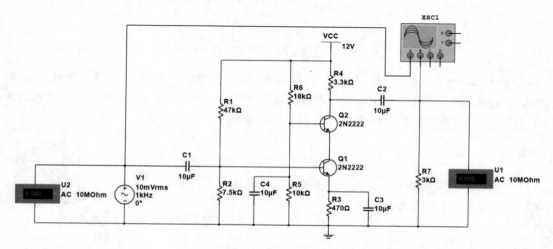

图 5-1-36　三极管共射-共基极放大电路

执行 <u>S</u>imulate → ▶ <u>R</u>un 命令，运行三极管共射-共基极放大电路仿真，电压表 U1 示数为"0.738V"，电压表 U2 示数为"10mV"，如图 5-1-37 所示。双击示波器"XSC1"，示波器波形如图 5-1-38 所示，可见波形未出现饱和失真和截止失真。

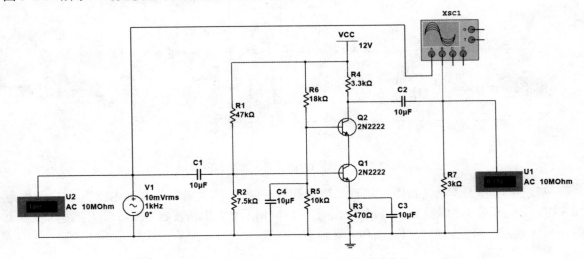

图 5-1-37　三极管共射-共基极放大电路仿真结果

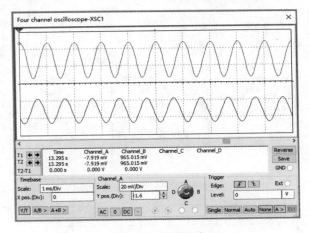

图 5-1-38　示波器波形

🔲 **小提示**

◎ 扫描右侧二维码可观看共射-共基极放大电路仿真小视频。

◎ 读者可自行仿真其他情况。

5.1.6　共集-共射极放大电路仿真

新建仿真工程文件，并命名为"ce-BJT.ms14"。执行 <u>P</u>lace → <u>C</u>omponent... 命令，将三极管、电阻、电压表、示波器、电容和电源等放置在图纸上，放置完毕后，执行 <u>P</u>lace → <u>W</u>ire 命令，将图纸中各个元件连接起来，如图 5-1-39 所示。

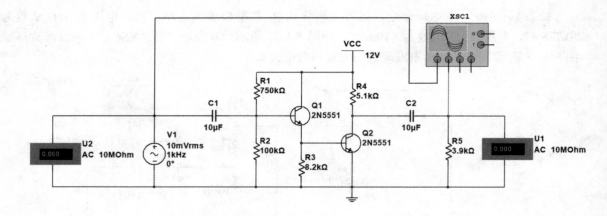

图 5-1-39 三极管共集–共射极放大电路

执行 <u>S</u>imulate → ▶ <u>R</u>un 命令，运行三极管共集–共射极放大电路仿真，电压表 U1 示数为 "0.891V"，电压表 U2 示数为 "10mV"，如图 5-1-40 所示。双击示波器 "XSC1"，示波器波形如图 5-1-41 所示，可见波形未出现饱和失真和截止失真。

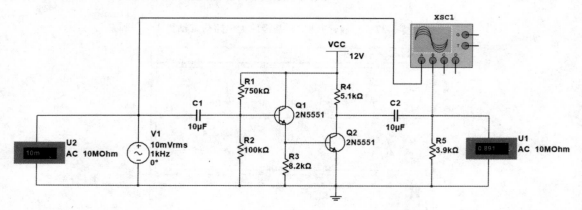

图 5-1-40 三极管共集–共射极放大电路仿真结果

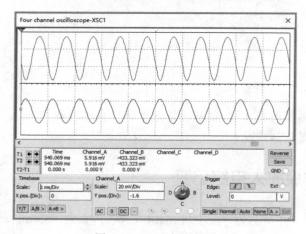

图 5-1-41 示波器波形

小提示

◎ 扫描右侧二维码可观看共集-共射极放大电路仿真小视频。

◎ 读者可自行仿真其他情况。

5.2　场效应管放大电路仿真

5.2.1　共源极放大电路仿真

场效应管是一种利用电场效应来控制其电流大小的半导体器件。这种器件具有功耗低、寿命长、输入阻抗高和噪声低等优点。场效应管在大规模和超大规模集成电路中被广泛使用。场效应管的三个电极栅极 g、源极 s 和漏极 d，分别类似三极管的基极 b、射极 e 和集电极 c。

新建仿真工程文件，并命名为"s-MOSFET.ms14"。执行 Place → Component... 命令，将场效应管、电阻、信号发生器、电压表、示波器、电容和电源等放置在图纸上，放置完毕后，执行 Place → Wire 命令，将图纸中各个元件连接起来，如图 5-2-1 所示。

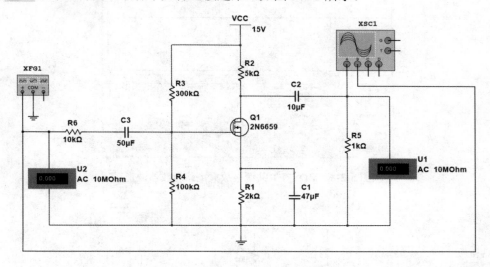

图 5-2-1　MOSFET 共源极放大电路

执行 Simulate → ▶ Run 命令，运行 MOSFET 共源极放大电路仿真，电压表 U1 示数为"0.219V"，电压表 U2 示数为"0.014V"，如图 5-2-2 所示。双击示波器"XSC1"，示波器波形如图 5-2-3 所示，可见波形未出现饱和失真和截止失真。

新建仿真工程文件，并命名为"s-JFET.ms14"。执行 Place → Component... 命令，将场效应管、电阻、信号发生器、电压表、示波器、电容和电源等放置在图纸上，放置完毕后，执行 Place → Wire 命令，将图纸中各个元件连接起来，如图 5-2-4 所示。

执行 Simulate → ▶ Run 命令，运行 JFET 共源极放大电路仿真，电压表 U1 示数为"0.094V"，电压表 U2 示数为"0.014V"，如图 5-2-5 所示。双击示波器"XSC1"，示波器波形如图 5-2-6 所示，可见波形未出现饱和失真和截止失真。

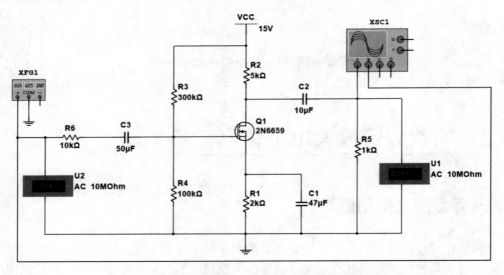

图 5-2-2　MOSFET 共源极放大电路仿真结果

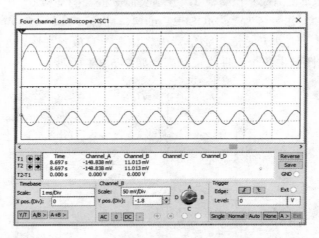

图 5-2-3　MOSFET 共源极放大电路示波器波形

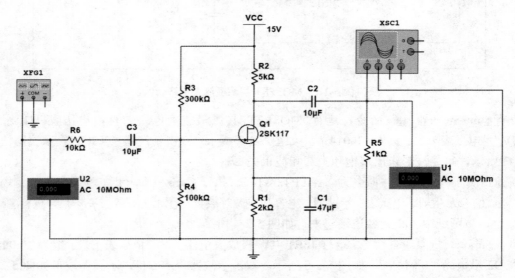

图 5-2-4　JFET 共源极放大电路

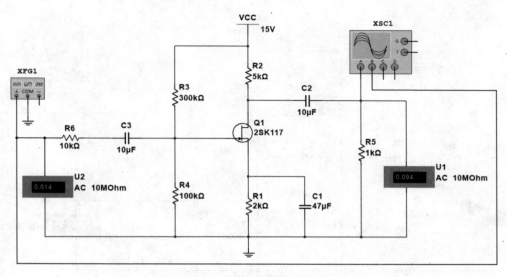

图 5-2-5　JFET 共源极放大电路仿真结果

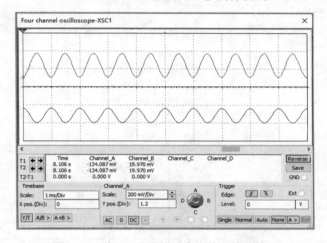

图 5-2-6　JFET 共源极放大电路示波器波形

📎 小提示

◎ 扫描右侧二维码可观看共源极放大电路仿真小视频。

◎ 读者可自行仿真其他情况。

5.2.2　共漏极放大电路仿真

新建仿真工程文件，并命名为"d-MOSFET.ms14"。执行 Place → Component... 命令，将场效应管、电阻、信号发生器、电压表、示波器、电容和电源等放置在图纸上，放置完毕后，执行 Place → Wire 命令，将图纸中各个元件连接起来，如图 5-2-7 所示。

执行 Simulate → ▶ Run 命令，运行 MOSFET 共漏极放大电路仿真，电压表 U1 示数为"6.846mV"，电压表 U2 示数为"7.071mV"，如图 5-2-8 所示。双击示波器"XSC1"，示波器波形如图 5-2-9 所示，可见波形未出现饱和失真和截止失真。

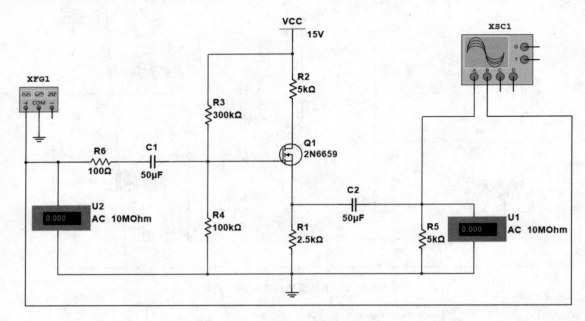

图 5-2-7 MOSFET 共漏极放大电路

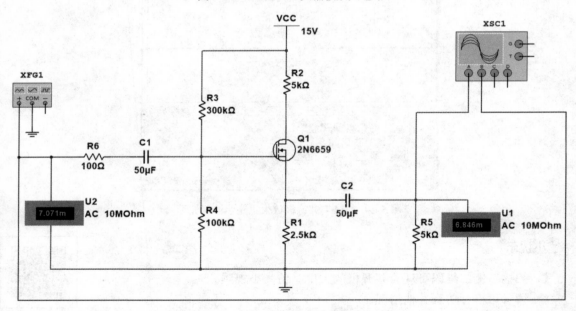

图 5-2-8 MOSFET 共漏极放大电路仿真结果

新建仿真工程文件，并命名为 "d-JFET.ms14"。执行 Place → Component... 命令，将场效应管、电阻、信号发生器、电压表、示波器、电容和电源等放置在图纸上，放置完毕后，执行 Place → Wire 命令，将图纸中各个元件连接起来，如图 5-2-10 所示。

执行 Simulate → ▶ Run 命令，运行 JFET 共漏极放大电路仿真，电压表 U1 示数为 "0.013V"，电压表 U2 示数为 "0.014V"，如图 5-2-11 所示。双击示波器 "XSC1"，示波器波形如图 5-2-12 所示，可见波形未出现饱和失真和截止失真。

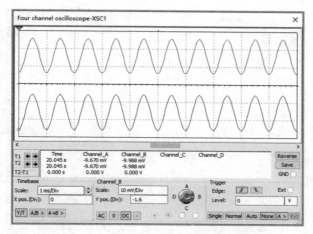

图 5-2-9 MOSFET 共漏极放大电路示波器波形

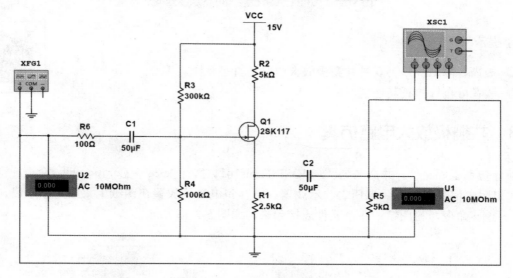

图 5-2-10 JFET 共漏极放大电路

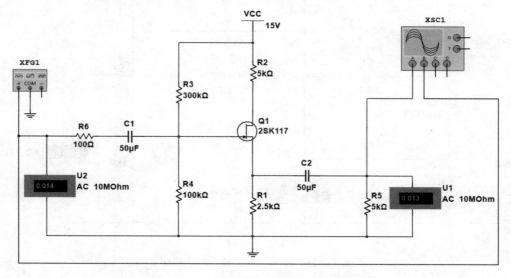

图 5-2-11 JFET 共漏极放大电路仿真结果

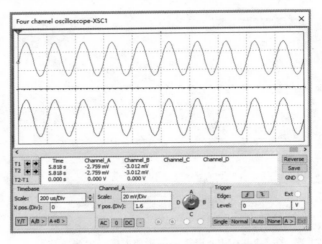

图 5-2-12　JFET 共漏极放大电路示波器波形

🔲 小提示

◎ 扫描右侧二维码可观看共漏极放大电路仿真小视频。

◎ 读者可自行仿真其他情况。

5.2.3　共栅极放大电路仿真

新建仿真工程文件，并命名为"g-MOSFET.ms14"。执行 Place → Component... 命令，将场效应管、电阻、信号发生器、电压表、示波器、电容和电源等放置在图纸上，放置完毕后，执行 Place → Wire 命令，将图纸中各个元件连接起来，如图 5-2-13 所示。

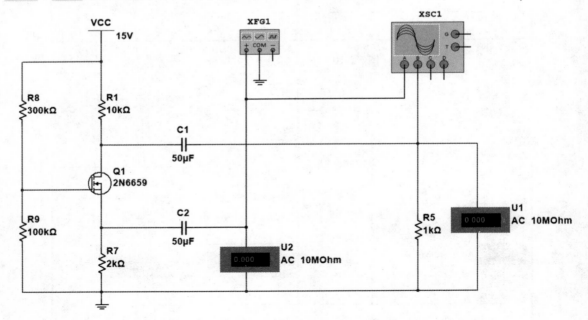

图 5-2-13　MOSFET 共栅极放大电路

执行 <u>S</u>imulate → ▶ <u>R</u>un 命令，运行 MOSFET 共栅极放大电路仿真，电压表 U1 示数为 "0.067V"，电压表 U2 示数为 "7.071mV"，如图 5-2-14 所示。双击示波器 "XSC1"，示波器波形如图 5-2-15 所示，可见波形未出现饱和失真和截止失真。

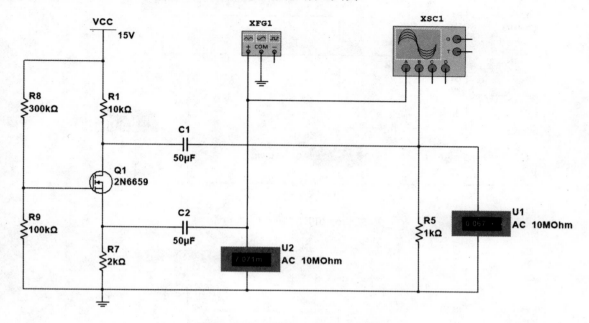

图 5-2-14 MOSFET 共栅极放大电路

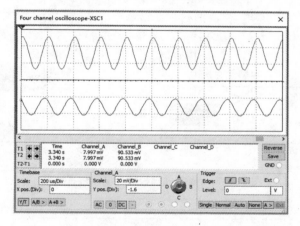

图 5-2-15 MOSFET 共栅极放大电路示波器波形

新建仿真工程文件，并命名为 "g-JFET.ms14"。执行 <u>P</u>lace → <u>C</u>omponent... 命令，将场效应管、电阻、信号发生器、电压表、示波器、电容和电源等放置在图纸上，放置完毕后，执行 <u>P</u>lace → <u>W</u>ire 命令，将图纸中各个元件连接起来，如图 5-2-16 所示。

执行 <u>S</u>imulate → ▶ <u>R</u>un 命令，运行 JFET 共栅极放大电路仿真，电压表 U1 示数为 "0.105V"，电压表 U2 示数为 "0.014V"，如图 5-2-17 所示。双击示波器 "XSC1"，示波器波形如图 5-2-18 所示，可见波形未出现饱和失真和截止失真。

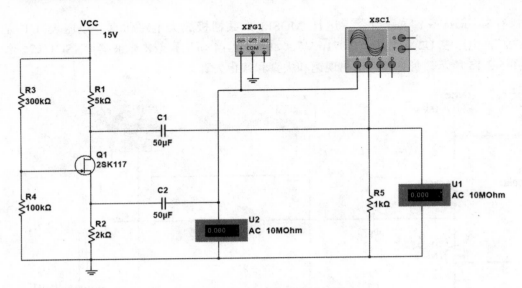

图 5-2-16　JFET 共栅极放大电路

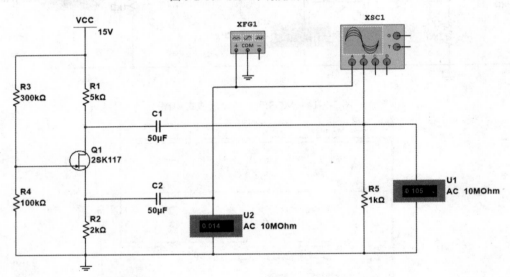

图 5-2-17　JFET 共栅极放大电路仿真结果

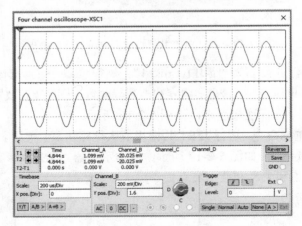

图 5-2-18　JFET 共栅极放大电路示波器波形

小提示

◎ 扫描右侧二维码可观看共栅极放大电路仿真小视频。

◎ 读者可自行仿真其他情况。

5.3　功率放大电路仿真

5.3.1　甲类功率放大电路仿真

新建仿真工程文件，并命名为"A-power.ms14"。执行 Place → Component... 命令，将三极管、电阻、电流表、示波器、功率计和电源等放置在图纸上，放置完毕后，执行 Place → Wire 命令，将图纸中各个元件连接起来，如图 5-3-1 所示。

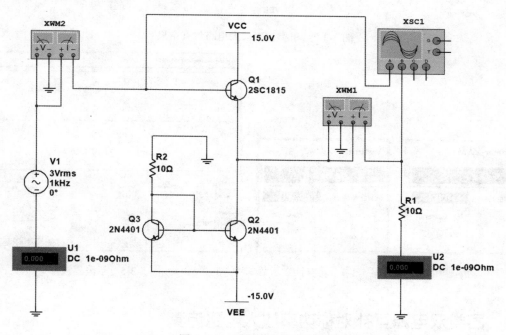

图 5-3-1　甲类功率放大电路

执行 Simulate → ▷ Run 命令，运行甲类功率放大电路仿真，电流表 U1 示数为"-0.061A"，电流表 U2 示数为"-0.283A"，如图 5-3-2 所示。双击功率计"XWM1"，示数为"1.271W"，如图 5-3-3 所示，双击功率计"XWM2"，示数为"82.626mW"，如图 5-3-4 所示，双击示波器"XSC1"，示波器波形如图 5-3-5 所示。

小提示

◎ 扫描右侧二维码可观看甲类功率放大电路仿真小视频。

◎ 读者可自行仿真其他情况。

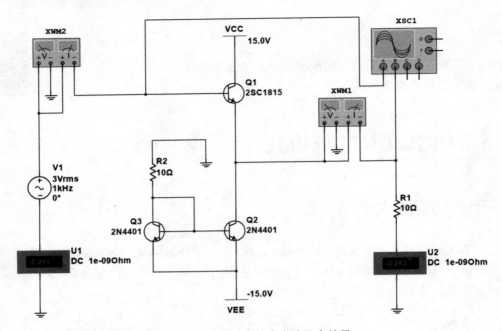

图 5-3-2　甲类功率放大电路仿真结果

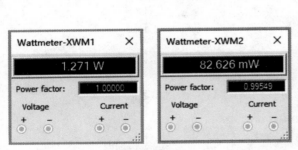

图 5-3-3　功率计 1 示数　　图 5-3-4　功率计 2 示数

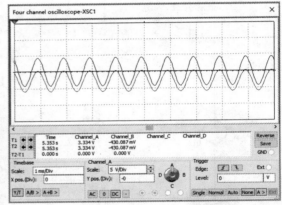

图 5-3-5　示波器波形

5.3.2　乙类双电源互补对称功率放大电路仿真

新建仿真工程文件，并命名为"B-power.ms14"。执行 Place → Component... 命令，将三极管、电阻、示波器、功率计和电源等放置在图纸上，放置完毕后，执行 Place → Wire 命令，将图纸中各个元件连接起来，如图 5-3-6 所示。

执行 Simulate → ▶ Run 命令，运行乙类双电源互补对称功率放大电路仿真，双击功率计"XWM1"，示数为"17.082mW"，如图 5-3-7 所示，双击功率计"XWM2"，示数为"-480.668mW"，如图 5-3-8 所示，双击示波器"XSC1"，示波器波形如图 5-3-9 所示，将输出端波形放大，可见出现了交越失真，如图 5-3-10 所示。

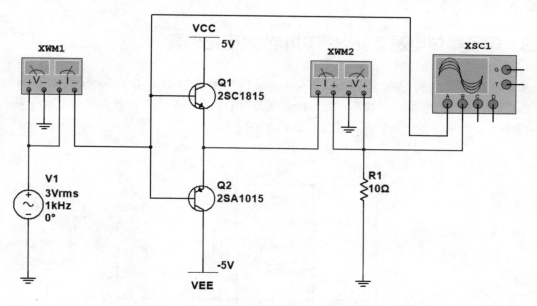

图 5-3-6 乙类双电源互补对称功率放大电路

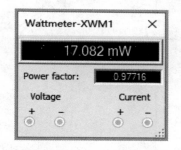

图 5-3-7 功率计 1 示数

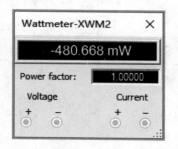

图 5-3-8 功率计 2 示数

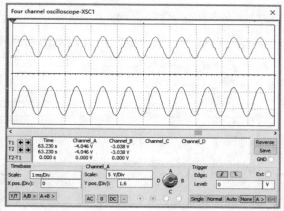

图 5-3-9 示波器波形 1

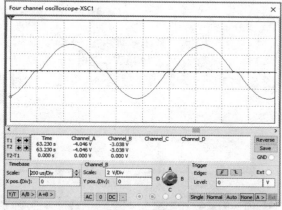

图 5-3-10 示波器波形 2

小提示

◎ 扫描右侧二维码可观看乙类双电源互补对称功率放大电路仿真小视频。

◎ 读者可自行仿真其他情况。

5.3.3　甲乙类单电源互补对称功率放大电路仿真

新建仿真工程文件，并命名为"AB1-power.ms14"。执行 Place → Component... 命令，将三极管、二极管、电阻、电容、示波器、功率计和电源等放置在图纸上，放置完毕后，执行 Place → Wire 命令，将图纸中各个元件连接起来，如图 5-3-11 所示。

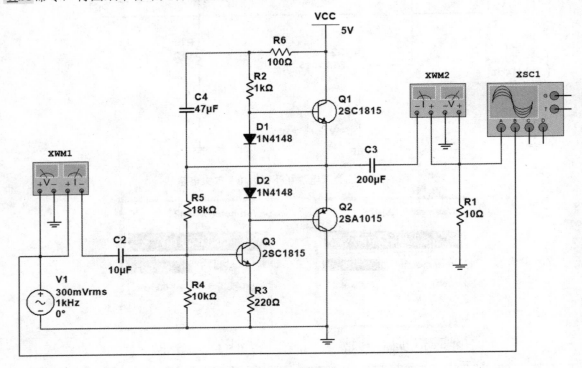

图 5-3-11　甲乙类单电源互补对称功率放大电路

执行 Simulate → ▶ Run 命令，运行甲乙类单电源互补对称功率放大电路仿真，双击功率计"XWM1"，示数为"28.748μW"，如图 5-3-12 所示，双击功率计"XWM2"，示数为"-45.459mW"，如图 5-3-13 所示。双击示波器"XSC1"，示波器波形如图 5-3-14 所示。

图 5-3-12　功率计 1 示数

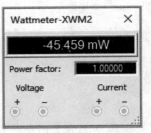

图 5-3-13　功率计 2 示数

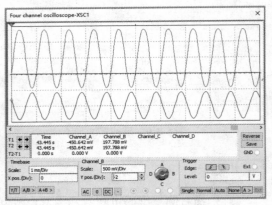

图 5-3-14　示波器波形

◎ 扫描右侧二维码可观看甲乙类单电源互补对称功率放大电路仿真小视频。

◎ 读者可自行仿真其他情况。

5.3.4　甲乙类双电源互补对称功率放大电路仿真

新建仿真工程文件，并命名为 "AB2-power.ms14"。执行 Place → Component... 命令，将三极管、二极管、电阻、示波器、功率计和电源等放置在图纸上，放置完毕后，执行 Place → Wire 命令，将图纸中各个元件连接起来，如图 5-3-15 所示。

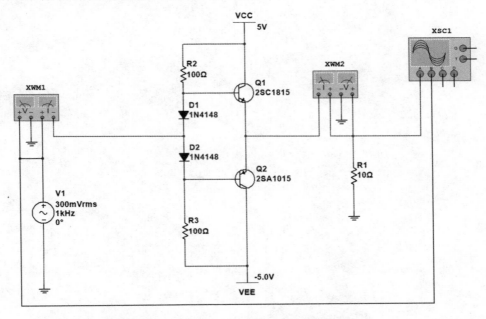

图 5-3-15　甲乙类双电源互补对称功率放大电路

执行 Simulate → ▷ Run 命令，运行甲乙类双电源互补对称功率放大电路仿真，双击功率计 "XWM1"，示数为 "1.982mW"，如图 5-3-16 所示，双击功率计 "XWM2"，示数为 "-7.433mW"，如图 5-3-17 所示。双击示波器 "XSC1"，示波器波形如图 5-3-18 所示。

图 5-3-16　功率计 1 示数

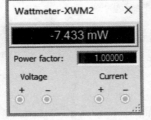

图 5-3-17　功率计 2 示数

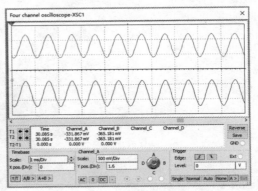

图 5-3-18　示波器波形

小提示

◎ 扫描右侧二维码可观看甲乙类双电源互补对称功率放大电路仿真小视频。

◎ 读者可自行仿真其他情况。

第6章 信号处理电路仿真

6.1 运算放大器基本运算电路仿真

6.1.1 同相比例运算电路仿真

新建仿真工程文件，并命名为"Non-inverting OPAMP.ms14"。执行 Place → Component... 命令，将 LM324 运算放大器、电阻、信号发生器、示波器和电源等放置在图纸上，放置完毕后，执行 Place → Wire 命令，将图纸中各个元件连接起来，如图 6-1-1 所示。

双击信号发生器"XFG1"，弹出"Function generator-XFG1"对话框，将频率设置为"100Hz"，如图 6-1-2 所示。

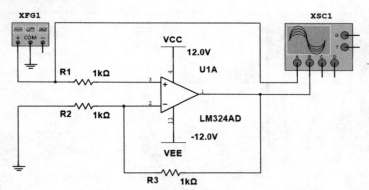

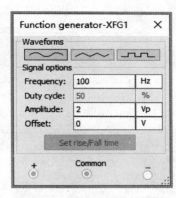

图 6-1-1 同相比例运算电路 1　　　　　　　　图 6-1-2 信号发生器参数设置 1

执行 Simulate → ▶ Run 命令，运行同相比例运算电路仿真，示波器波形如图 6-1-3 所示，适当调节示波器中按钮，如图 6-1-4 所示，可见输出信号幅度是输入信号的 2 倍并且同相。

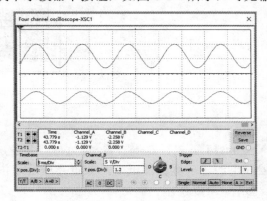

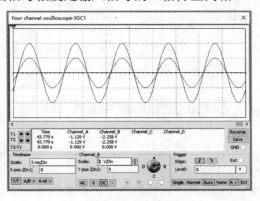

图 6-1-3 示波器波形 1　　　　　　　　　　图 6-1-4 示波器波形 2

执行 <u>S</u>imulate → ■ <u>S</u>top 命令，停止同相比例运算电路仿真，双击电阻 "R3"，将其阻值设置为 "2kΩ"，修改完毕后，如图 6-1-5 所示。双击信号发生器 "XFG1"，弹出 "Function generator-XFG1" 对话框，对参数进行设置，如图 6-1-6 所示。

执行 <u>S</u>imulate → ▶ <u>R</u>un 命令，运行同相比例运算电路仿真，示波器波形如图 6-1-7 所示，适当调节示波器中按钮如图 6-1-8 所示，可见输出信号幅度为输入信号的 3 倍并且同相。输出电压与输入电压成比例，遵循 $A_v=1+R_3/R_2$ 的电压增益计算公式。

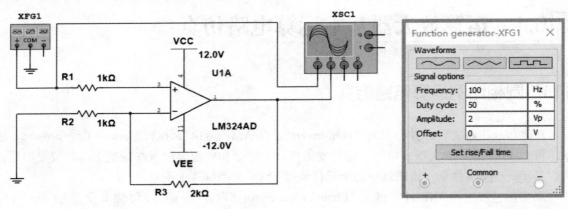

图 6-1-5 同相比例运算电路 2

图 6-1-6 信号发生器参数设置 2

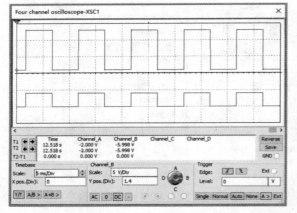

图 6-1-7 示波器波形 3

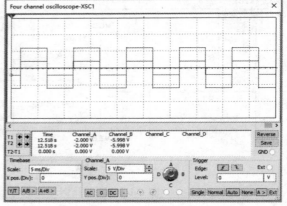

图 6-1-8 示波器波形 4

🔲 小提示

◎ 扫描右侧二维码可观看同相比例运算电路仿真小视频。

◎ 读者可自行仿真其他情况。

6.1.2 反相比例运算电路仿真

新建仿真工程文件，并命名为 "Inverting OPAMP.ms14"。执行 <u>P</u>lace → <u>C</u>omponent... 命令，将 LM324 运算放大器、电阻、信号发生器、示波器和电源等放置在图纸上，放置完毕后，执行 <u>P</u>lace → <u>W</u>ire 命令，将图纸中各个元件连接起来，如图 6-1-9 所示。

双击信号发生器"XFG1",弹出"Function generator-XFG1"对话框,将频率设置为"1kHz",如图 6-1-10 所示。

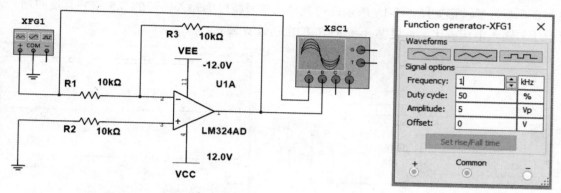

图 6-1-9 反相比例运算电路 1

图 6-1-10 信号发生器参数设置 1

执行 Simulate → ▶ Run 命令,运行反相比例运算电路仿真,示波器波形如图 6-1-11 所示,适当调节示波器中按钮,波形如图 6-1-12 所示,可见输出信号幅度与输入信号相同,并且反相。

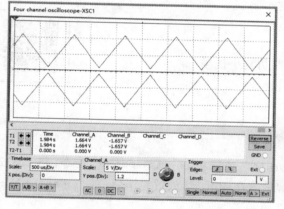

图 6-1-11 示波器波形 1

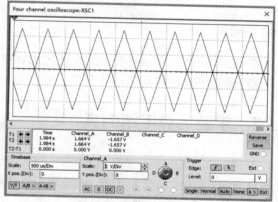

图 6-1-12 示波器波形 2

执行 Simulate → ■ Stop 命令,停止反相比例运算电路仿真,双击电阻"R3",将其阻值设置为"20kΩ",修改完毕后,如图 6-1-13 所示。执行 Simulate → ▶ Run 命令,运行反相比例运算电路仿真,示波器波形如图 6-1-14 所示,可见输出信号幅度为输入信号的 2 倍并且反向相。

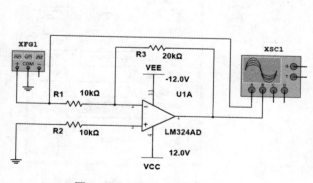

图 6-1-13 反相比例运算电路 2

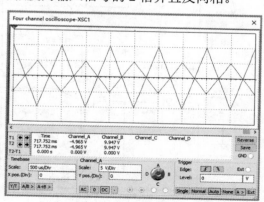

图 6-1-14 示波器波形 3

执行 <u>Simulate</u>→ ■ <u>Stop</u> 命令，停止反相比例运算电路仿真，双击电阻 "R3"，将其阻值设置为 "5kΩ"，修改完毕后，如图 6-1-15 所示。执行 <u>Simulate</u>→ ▶ <u>Run</u> 命令，运行反相比例运算电路仿真，示波器波形如图 6-1-16 所示，可见输出信号幅度为输入信号的 0.5 倍并且反向相。输出电压与输入电压成比例，遵循 $A_v=-R_3/R_1$ 的电压计算公式。

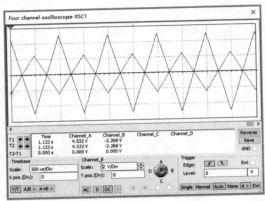

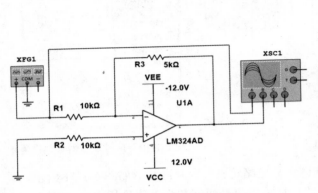

图 6-1-15 反相比例运算电路 3

图 6-1-16 示波器波形 4

小提示

◎ 扫描右侧二维码可观看反相比例运算电路仿真小视频。

◎ 读者可自行仿真其他情况。

6.1.3 求差运算电路仿真

新建仿真工程文件，并命名为 "Sub OPAMP.ms14"。执行 <u>Place</u>→ <u>Component...</u> 命令，将 LM324 运算放大器、电阻、信号发生器、示波器和电源等放置在图纸上，放置完毕后，执行 <u>Place</u>→ <u>Wire</u> 命令，将图纸中各个元件连接起来，如图 6-1-17 所示。

双击信号发生器 "XFG1"，弹出 "Function generator-XFG1" 对话框，将频率设置为 "1kHz"，如图 6-1-18 所示。双击信号发生器 "XFG2"，弹出 "Function generator-XFG2" 对话框，将频率设置为 "1kHz"，如图 6-1-19 所示。

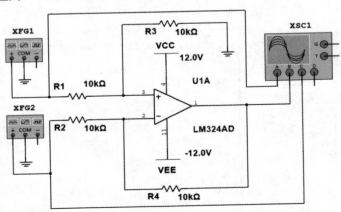

图 6-1-17 求差运算电路 1

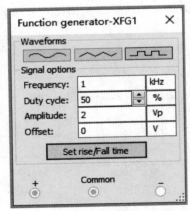

图 6-1-18 信号发生器 1 参数设置 1

执行 $\underline{S}$imulate → ▶ $\underline{R}$un 命令，运行求差运算电路仿真，示波器波形如图 6-1-20 所示，可见输出信号幅度为两个输入信号幅度之差。

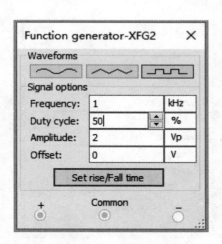

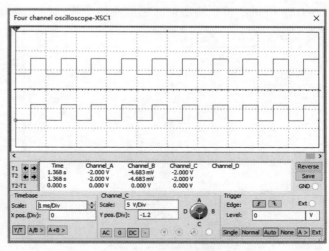

图 6-1-19　信号发生器 2 参数设置 1　　　　　图 6-1-20　示波器波形 1

执行 $\underline{S}$imulate → ■ $\underline{S}$top 命令，停止求差运算电路仿真，双击信号发生器"XFG1"，弹出"Function generator-XFG1"对话框，将幅值设置为"3V"，如图 6-1-21 所示。双击信号发生器"XFG2"，弹出"Function generator-XFG2"对话框，将幅值设置为"1V"，如图 6-1-22 所示。执行 $\underline{S}$imulate → ▶ $\underline{R}$un 命令，运行求差运算电路仿真，示波器波形如图 6-1-23 所示，可见输出信号幅度为两个输入信号幅度之差。

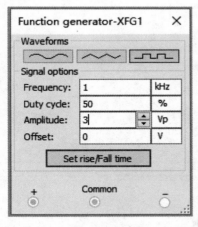

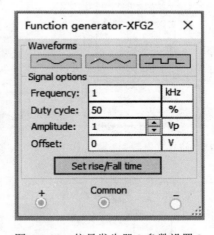

图 6-1-21　信号发生器 1 参数设置 2　　　　　图 6-1-22　信号发生器 2 参数设置 2

执行 $\underline{S}$imulate → ■ $\underline{S}$top 命令，停止求差运算电路仿真，双击信号发生器"XFG1"，弹出"Function generator-XFG1"对话框，将幅值设置为"4V"，如图 6-1-24 所示。双击信号发生器"XFG2"，弹出"Function generator-XFG2"对话框，将幅值设置为"5V"，如图 6-1-25 所示。执行 $\underline{S}$imulate → ▶ $\underline{R}$un 命令，运行求差运算电路仿真，示波器波形如图 6-1-26 所示，可见输出信号幅度为两个输入信号幅度之差。

执行 $\underline{S}$imulate → ■ $\underline{S}$top 命令，停止求差运算电路仿真，双击电阻"R4"，将其阻值设置为"20kΩ"，修改完毕后，如图 6-1-27 所示。双击信号发生器"XFG1"，弹出"Function generator-XFG1"

对话框，将幅值设置为"2V"。双击信号发生器"XFG2"，弹出"Function generator-XFG2"对话框，将幅值设置为"2V"。执行 Simulate → ▶ Run 命令，运行求差运算电路仿真，示波器波形如图 6-1-28 所示，可见输出信号幅度为两个输入信号幅度之差的 0.5 倍。

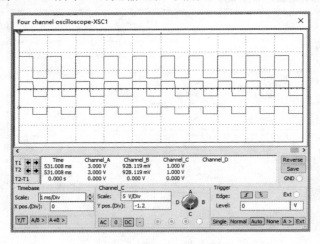

图 6-1-23　示波器波形 2

图 6-1-24　信号发生器 1 参数设置 3

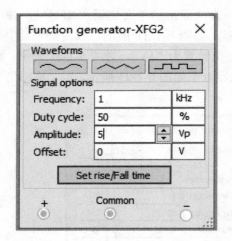

图 6-1-25　信号发生器 2 参数设置 3

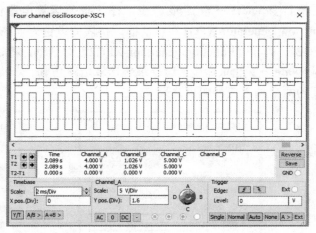

图 6-1-26　示波器波形 3

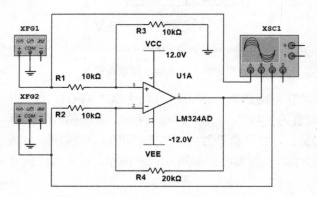

图 6-1-27　求差运算电路 2

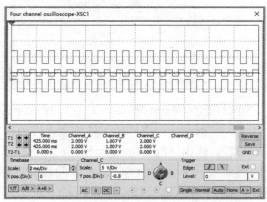

图 6-1-28　示波器波形 4

📎 **小提示**

◎ 扫描右侧二维码可观看求差运算电路仿真小视频。

◎ 读者可自行仿真其他情况。

6.1.4　同相求和运算电路仿真

新建仿真工程文件，并命名为"Non-Sum OPAMP.ms14"。执行 Place → Component... 命令，将 LM324 运算放大器、电阻、信号发生器、示波器和电源等放置在图纸上，放置完毕后，执行 Place → Wire 命令，将图纸中各个元件连接起来，如图 6-1-29 所示。

双击信号发生器"XFG1"，弹出"Function generator-XFG1"对话框，将频率设置为"1kHz"，如图 6-1-30 所示。双击信号发生器"XFG2"，弹出"Function generator-XFG2"对话框，将频率设置为"1kHz"，如图 6-1-31 所示。

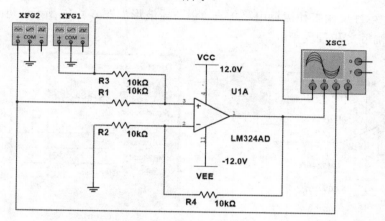

图 6-1-29　同相求和运算电路

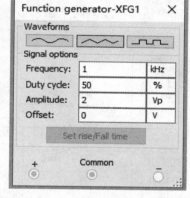

图 6-1-30　信号发生器 1 参数设置

执行 Simulate → ▶ Run 命令，运行同相求和运算电路仿真，示波器波形如图 6-1-32 所示，可见输出信号幅度为两个输入信号幅度之和且同相。

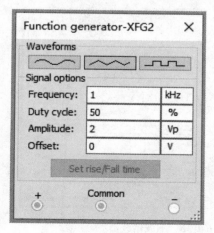

图 6-1-31　信号发生器 2 参数设置

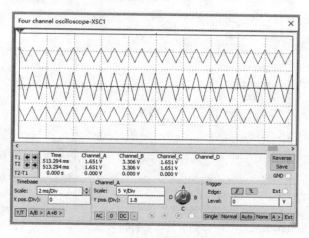

图 6-1-32　示波器波形

⬛ 小提示

◎ 扫描右侧二维码可观看同相求和运算电路仿真小视频。

◎ 读者可自行仿真其他情况。

6.1.5 反相求和运算电路仿真

新建仿真工程文件，并命名为"Sum OPAMP.ms14"。执行 Place → Component... 命令，将 LM324 运算放大器、电阻、信号发生器、示波器和电源等放置在图纸上，放置完毕后，执行 Place → Wire 命令，将图纸中各个元件连接起来，如图 6-1-33 所示。

双击信号发生器"XFG1"，弹出"Function generator-XFG1"对话框，将幅值设置为"3V"，如图 6-1-34 所示。双击信号发生器"XFG2"，弹出"Function generator-XFG2"对话框，将幅值设置为"3V"，如图 6-1-35 所示。

执行 Simulate → ▶ Run 命令，运行反相求和运算电路仿真，示波器波形如图 6-1-36 所示，可见输出信号幅度为两个输入信号幅度之和且反相。

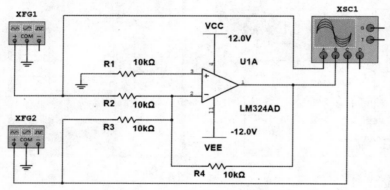

图 6-1-33　反相求和运算电路

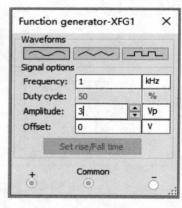

图 6-1-34　信号发生器 1 参数设置

图 6-1-35　信号发生器 2 参数设置

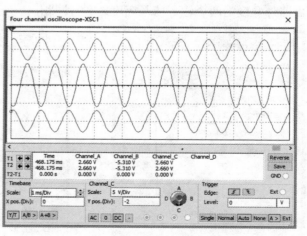

图 6-1-36　示波器波形

🔲 **小提示**

◎ 扫描右侧二维码可观看反相求和运算电路仿真小视频。

◎ 读者可自行仿真其他情况。

6.1.6　积分运算电路仿真

新建仿真工程文件，并命名为 "Integral OPAMP.ms14"。执行 Place → Component... 命令，将 LM324 运算放大器、电阻、信号发生器、示波器和电源等放置在图纸上，放置完毕后，执行 Place → Wire 命令，将图纸中各个元件连接起来，如图 6-1-37 所示。

双击信号发生器 "XFG1"，弹出 "Function generator-XFG1" 对话框，将幅值设置为 "2V"，如图 6-1-38 所示。执行 Simulate → ▶ Run 命令，运行积分运算电路仿真，示波器波形如图 6-1-39 所示。

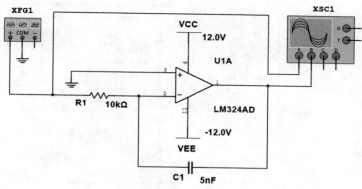

图 6-1-37　积分运算电路

图 6-1-38　信号发生器参数设置

执行 Simulate → ■ Stop 命令，停止积分运算电路仿真，双击信号发生器 "XFG1"，弹出 "Function generator-XFG1" 对话框，将波形设置为方波。执行 Simulate → ▶ Run 命令，运行积分运算电路仿真，示波器波形如图 6-1-40 所示。

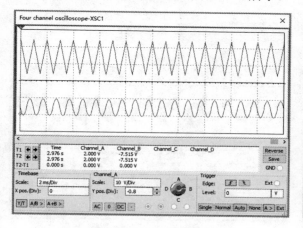

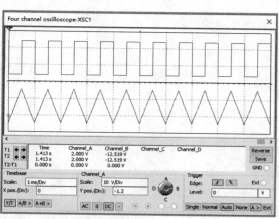

图 6-1-39　示波器波形 1

图 6-1-40　示波器波形 2

◎ 扫描右侧二维码可观看积分运算电路仿真小视频。

◎ 读者可自行仿真其他情况。

6.1.7 微分运算电路仿真

新建仿真工程文件，并命名为"Differential OPAMP.ms14"。执行 Place → Component... 命令，将 LM324 运算放大器、电阻、信号发生器、示波器和电源等放置在图纸上，放置完毕后，执行 Place → Wire 命令，将图纸中各个元件连接起来，如图 6-1-41 所示。

双击信号发生器"XFG1"，弹出"Function generator-XFG1"对话框，将幅值设置为"3V"，如图 6-1-42 所示。执行 Simulate → ▶ Run 命令，运行微分运算电路仿真，示波器波形如图 6-1-43 所示。

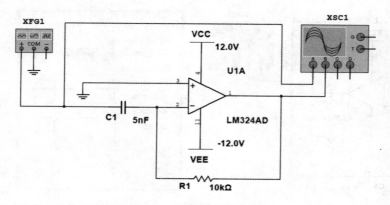

图 6-1-41 微分运算电路

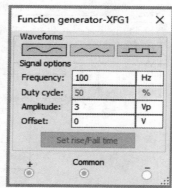

图 6-1-42 信号发生器参数设置

执行 Simulate → ■ Stop 命令，停止微分运算电路仿真，双击信号发生器"XFG1"，弹出"Function generator-XFG1"对话框，将波形设置为尖波。执行 Simulate → ▶ Run 命令，运行微分运算电路仿真，示波器波形如图 6-1-44 所示。

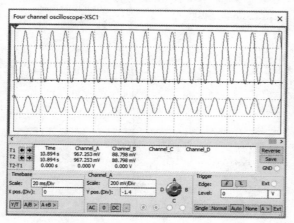

图 6-1-43 示波器波形 1

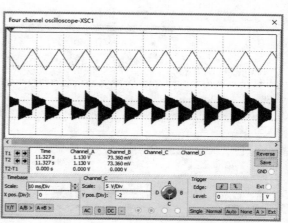

图 6-1-44 示波器波形 2

小提示

◎ 扫描右侧二维码可观看微分运算电路仿真小视频。

◎ 读者可自行仿真其他情况。

6.2 　滤波器电路仿真

6.2.1 　高通滤波器

　　高通滤波器允许高于某一截止频率的信号通过，而大大衰减较低频率信号的一种滤波器。按照所采用的器件不同可以分为有源高通滤波器和无源高通滤波器。无源高通滤波器是仅由无源元件电阻、电感和电容组成的滤波器。有源高通滤波器由电阻、电感、电容和集成运算放大器组成。

　　新建仿真工程文件，并命名为"Hpass RCL.ms14"。执行 Place → Component... 命令，将电阻、电容、电感、波特图仪和电源等放置在图纸上，放置完毕后，执行 Place → Wire 命令，将图纸中各个元件连接起来，如图 6-2-1 所示。

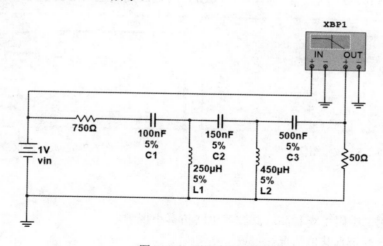

图 6-2-1　无源高通滤波器

　　执行 Simulate → ▶ Run 命令，运行无源高通滤波器电路仿真，双击波特图仪"XBP1"，其波形如图 6-2-2 和图 6-2-3 所示。当频率高于 18kHz 时，可通过此高通滤波器电路。

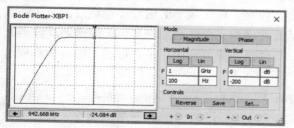

图 6-2-2　波特图仪波形 1

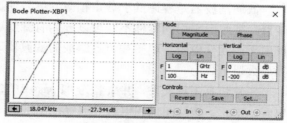

图 6-2-3　波特图仪波形 2

新建仿真工程文件，并命名为"Hpass OPAMP.ms14"。执行 Place → Component... 命令，将电阻、电容、LF412、波特图仪和电源等放置在图纸上，放置完毕后，执行 Place → Wire 命令，将图纸中各个元件连接起来，如图 6-2-4 所示。

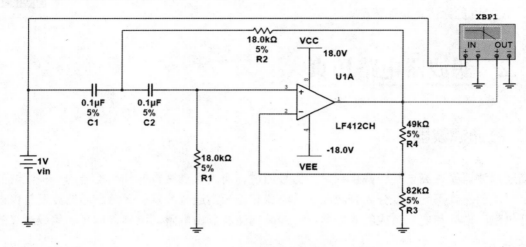

图 6-2-4　有源高通滤波器

执行 Simulate → ▶ Run 命令，运行有源高通滤波器电路仿真，双击波特图仪"XBP1"，其波形如图 6-2-5 和图 6-2-6 所示。当频率高于 88Hz，可通过此高通滤波器电路。

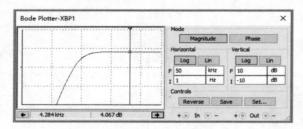

图 6-2-5　波特图仪波形 3

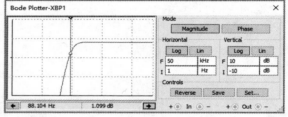

图 6-2-6　波特图仪波形 4

🔲 小提示

◎ 扫描右侧二维码可观看高通滤波器电路仿真小视频。

◎ 读者可自行仿真其他情况。

6.2.2　低通滤波器

低通滤波器是容许低于截止频率的信号通过，但高于截止频率的信号不能通过的电子滤波装置。按照所采用的器件不同可以分为有源低通滤波器和无源低通滤波器。无源低通滤波器是仅由无源元件电阻、电感和电容组成的滤波器。有源低通滤波器由电阻、电感、电容和集成运算放大器组成。

新建仿真工程文件，并命名为"Lpass RCL.ms14"。执行 Place → Component... 命令，将电阻、电容、电感、波特图仪和电源等放置在图纸上，放置完毕后，执行 Place → Wire 命令，将图纸中各个元件连接起来，如图 6-2-7 所示。

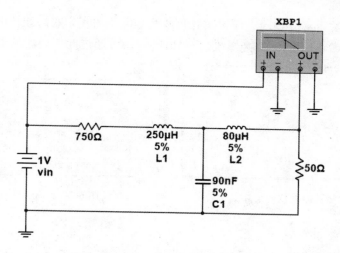

图 6-2-7　无源低通滤波器

执行 <u>S</u>imulate → ▶ <u>R</u>un 命令，运行无源低通滤波器电路仿真，双击波特图仪"XBP1"，其波形如图 6-2-8 和图 6-2-9 所示。当频率低于 54kHz 时，可通过此低通滤波器电路。

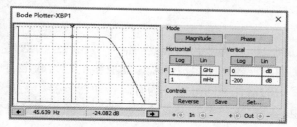

图 6-2-8　波特图仪波形 1

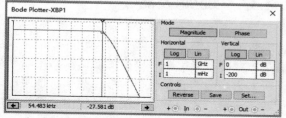

图 6-2-9　波特图仪波形 2

新建仿真工程文件，并命名为"Lpass OPAMP.ms14"。执行 <u>P</u>lace → <u>C</u>omponent... 命令，将电阻、电容、LF412、波特图仪和电源等放置在图纸上，放置完毕后，执行 <u>P</u>lace → <u>W</u>ire 命令，将图纸中各个元件连接起来，如图 6-2-10 所示。

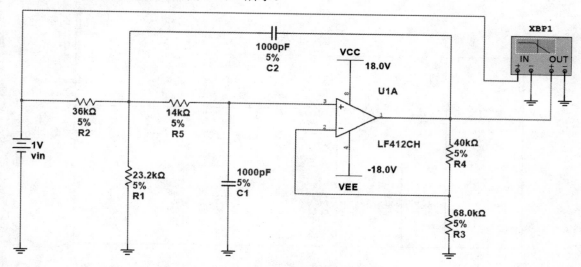

图 6-2-10　有源低通滤波器

执行 <u>Simulate</u> → ▶ <u>Run</u> 命令，运行有源低通滤波器电路仿真，双击波特图仪 "XBP1"，其波形如图 6-2-11 和图 6-2-12 所示。当频率低于 11kHz 时，可通过此低通滤波器电路。

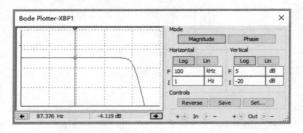

图 6-2-11 波特图仪波形 3

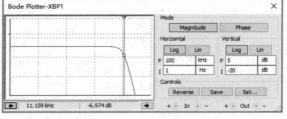

图 6-2-12 波特图仪波形 4

🔲 小提示

◎ 扫描右侧二维码可观看低通滤波器电路仿真小视频。

◎ 读者可自行仿真其他情况。

6.2.3 带通滤波器

带通滤波器是一个允许特定频段的信号通过并且同时屏蔽其他频段的信号不能通过的滤波器。带通滤波器电路可以由低通滤波器电路和高通滤波器电路组成，低通滤波器电路的截止频率应大于高通滤波器电路的截止频率。按照所采用的器件不同可以分为有源带通滤波器和无源带通滤波器。无源带通滤波器是仅由无源元件电阻、电感和电容组成的滤波器。有源带通滤波器由电阻、电感、电容和集成运算放大器组成。

新建仿真工程文件，并命名为 "Bpass RCL.ms14"。执行 <u>Place</u> → <u>Component...</u> 命令，将电阻、电容、电感、波特图仪和电源等放置在图纸上，放置完毕后，执行 <u>Place</u> → <u>Wire</u> 命令，将图纸中各个元件连接起来，如图 6-2-13 所示。

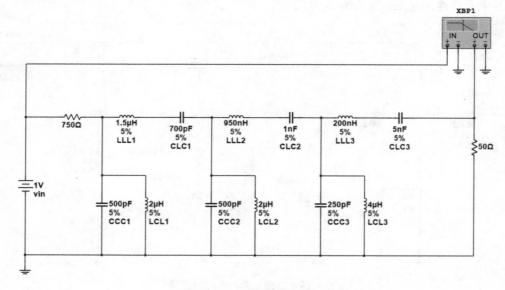

图 6-2-13 无源带通滤波器

执行 Simulate → ▶ Run 命令，运行无源带通滤波器电路仿真，双击波特图仪 "XBP1"，其波形如图 6-2-14、图 6-2-15 和图 6-2-16 所示。当频率低于 11MHz 且高于 2MHz 时，可通过此带通滤波器电路。

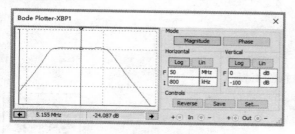

图 6-2-14 波特图仪波形 1

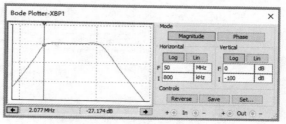

图 6-2-15 波特图仪波形 2

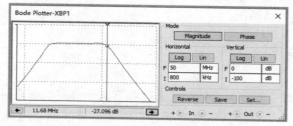

图 6-2-16 波特图仪波形 3

新建仿真工程文件，并命名为 "Bpass OPAMP.ms14"。执行 Place → Component... 命令，将电阻、电容、LF412、波特图仪和电源等放置在图纸上，放置完毕后，执行 Place → Wire 命令，将图纸中各个元件连接起来，如图 6-2-17 所示。

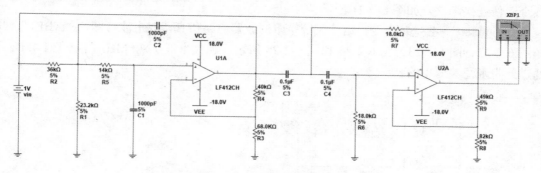

图 6-2-17 有源带通滤波器

执行 Simulate → ▶ Run 命令，运行有源带通滤波器电路仿真，双击波特图仪 "XBP1"，其波形如图 6-2-18、图 6-2-19 和图 6-2-20 所示。当频率低于 11kHz 且高于 88Hz 时，可通过此带通滤波器电路。

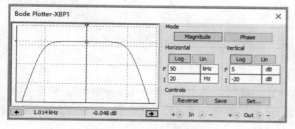

图 6-2-18 波特图仪波形 4

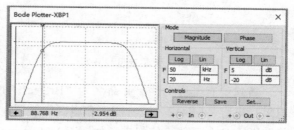

图 6-2-19 波特图仪波形 5

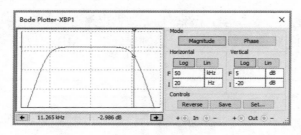

图 6-2-20　波特图仪波形 6

小提示

◎ 扫描右侧二维码可观看带通滤波器电路仿真小视频。

◎ 读者可自行仿真其他情况。

6.2.4　带阻滤波器

带阻滤波器是一个特定频段的信号无法通过并且其他频段的信号可以通过的滤波器。按照所采用的器件不同可以分为有源带阻滤波器和无源带阻滤波器。无源带阻滤波器是仅由无源元件电阻、电感和电容组成的滤波器。有源带阻滤波器由电阻、电感、电容和集成运算放大器组成。

新建仿真工程文件，并命名为 "Breject RCL.ms14"。执行 Place → Component... 命令，将电阻、电容、电感、波特图仪和电源等放置在图纸上，放置完毕后，执行 Place → Wire 命令，将图纸中各个元件连接起来，如图 6-2-21 所示。

执行 Simulate → ▶ Run 命令，运行无源带阻滤波器电路仿真，双击波特图仪 "XBP1"，其波形如图 6-2-22、图 6-2-23、图 6-2-24 和图 6-2-25 所示。当频率低于 7.8MHz 且高于 1.4kHz，无法通过此带阻滤波器电路。

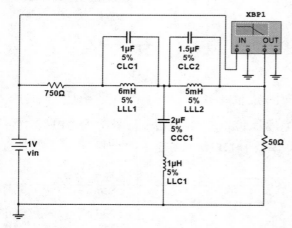

图 6-2-21　无源带阻滤波器

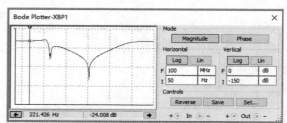

图 6-2-22　波特图仪波形 1

新建仿真工程文件，并命名为 "Breject OPAMP.ms14"。执行 Place → Component... 命令，将电阻、电容、LF412、波特图仪和电源等放置在图纸上，放置完毕后，执行 Place → Wire 命令，将图纸中各个元件连接起来，如图 6-2-26 所示。

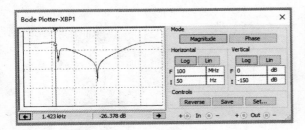

图 6-2-23　波特图仪波形 2

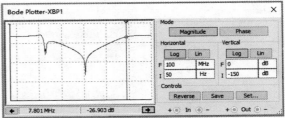

图 6-2-24　波特图仪波形 3

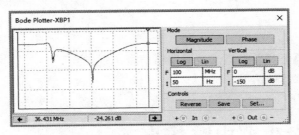

图 6-2-25　波特图仪波形 4

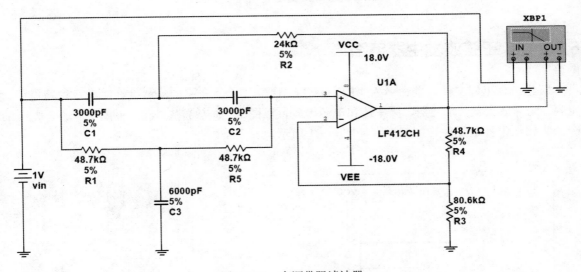

图 6-2-26　有源带阻滤波器

　　执行 <u>S</u>imulate → ▶ <u>R</u>un 命令，运行无源带阻滤波器电路仿真，双击波特图仪 "XBP1"，其波形如图 6-2-27、图 6-2-28、图 6-2-29 和图 6-2-30 所示。当频率低于 1.6kHz 且高于 750Hz 时，无法通过此带阻滤波器电路。

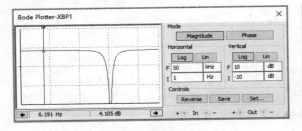

图 6-2-27　波特图仪波形 1

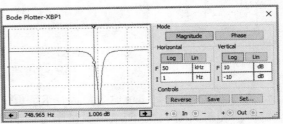

图 6-2-28　波特图仪波形 2

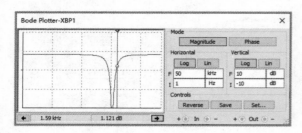

图 6-2-29　波特图仪波形 3

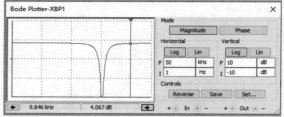

图 6-2-30　波特图仪波形 4

🔲 小提示

◎ 扫描右侧二维码可观看带阻滤波器电路仿真小视频。

◎ 读者可自行仿真其他情况。

6.3　波形发生器电路仿真

6.3.1　RC 正弦波发生器电路

新建仿真工程文件，并命名为 "RC OSC.ms14"。执行 Place → Component... 命令，将电阻、电容、运算放大器、示波器、频率计和电源等放置在图纸上，放置完毕后，执行 Place → Wire 命令，将图纸中各个元件连接起来，如图 6-3-1 所示。

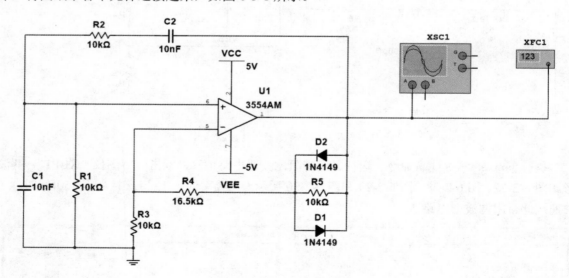

图 6-3-1　RC 正弦波发生器

执行 Simulate → ▶ Run 命令，运行 RC 正弦波发生器电路仿真，双击示波器 "XSC1"，刚刚起振时的波形如图 6-3-2 所示，当正弦波波形稳定后，如图 6-3-3 所示。

双击频率计 "XFC1"，RC 正弦波发生器电路的频率参数如图 6-3-4 所示，周期参数如图 6-3-5 所示，脉冲参数如图 6-3-6 所示，上升沿参数和下降沿参数如图 6-3-7 所示。

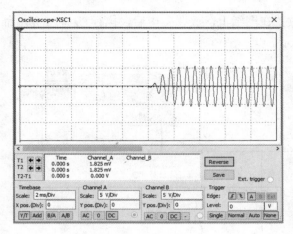

图 6-3-2　示波器波形 1

图 6-3-3　示波器波形 2

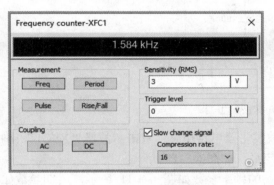

图 6-3-4　频率参数

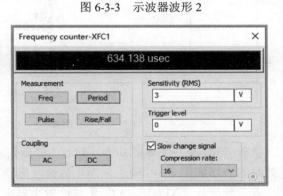

图 6-3-5　周期参数

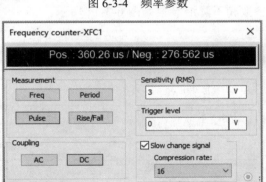

图 6-3-6　脉冲参数

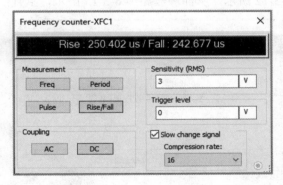

图 6-3-7　上下沿参数

小提示

◎ 扫描右侧二维码可观看 RC 正弦波发生器电路仿真小视频。

◎ 读者可自行仿真其他情况。

6.3.2　LC 正弦波发生器电路

新建仿真工程文件，并命名为"LC OSC.ms14"。执行 Place → Component... 命令，将电阻、

电容、运算放大器、示波器、频率计和电源等放置在图纸上，放置完毕后，执行 <u>P</u>lace → <u>W</u>ire 命令，将图纸中各个元件连接起来，如图 6-3-8 所示。

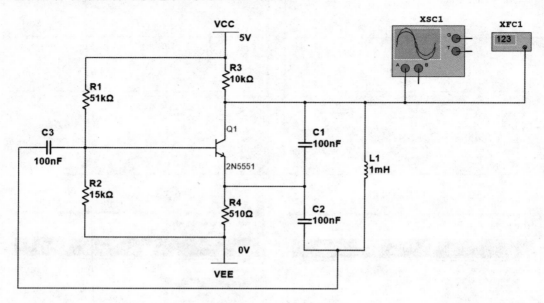

图 6-3-8　LC 正弦波发生器

执行 <u>S</u>imulate → ▶ <u>R</u>un 命令，运行 LC 正弦波发生器电路仿真，双击示波器"XSC1"，刚刚起振时的波形如图 6-3-9 所示，当正弦波波形稳定后，如图 6-3-10 所示。

双击频率计"XFC1"，LC 正弦波发生器电路的频率参数如图 6-3-11 所示，周期参数如图 6-3-12 所示，脉冲参数如图 6-3-13 所示，上升沿参数和下降沿参数如图 6-3-14 所示。

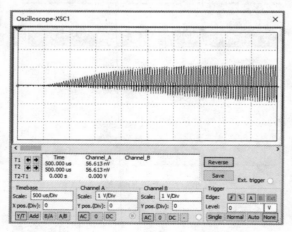

图 6-3-9　示波器波形 1

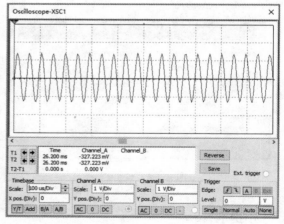

图 6-3-10　示波器波形 2

🖫 小提示

◎ 扫描右侧二维码可观看 LC 正弦波发生器电路仿真小视频。

◎ 读者可自行仿真其他情况。

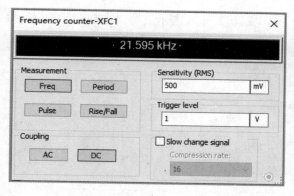

图 6-3-11 频率参数

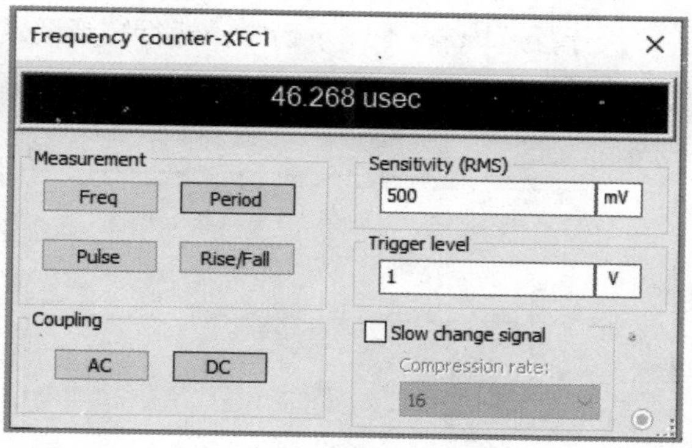

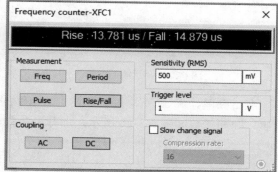

图 6-3-12 周期参数

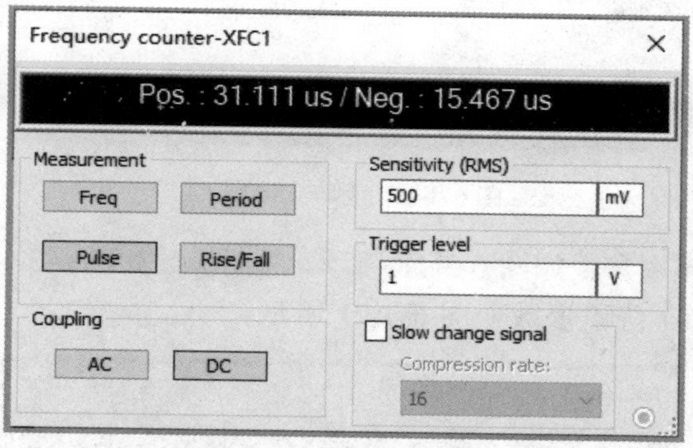

图 6-3-13 脉冲参数

图 6-3-14 上下沿参数

6.3.3 矩形波发生器电路

新建仿真工程文件，并命名为 "Square OSC.ms14"。执行 Place → Component... 命令，将电阻、电容、运算放大器、示波器、频率计和电源等放置在图纸上，放置完毕后，执行 Place → Wire 命令，将图纸中各个元件连接起来，如图 6-3-15 所示。

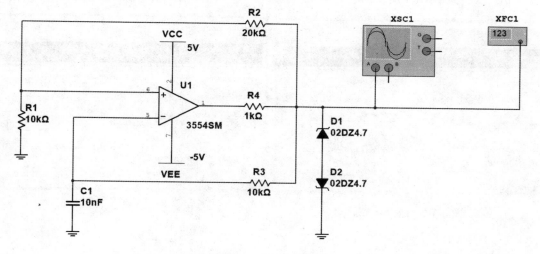

图 6-3-15 矩形波发生器

执行 <u>S</u>imulate → ▶ <u>R</u>un 命令，运行矩形波发生器电路仿真，双击示波器"XSC1"，刚刚起振时的波形如图 6-3-16 所示，当矩形波形稳定后，如图 6-3-17 所示。

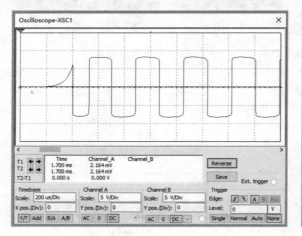

图 6-3-16　示波器波形 1

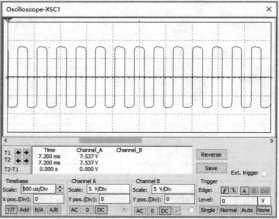

图 6-3-17　示波器波形 2

双击频率计"XFC1"，矩形波发生器电路的频率参数如图 6-3-18 所示，周期参数如图 6-3-19 所示，脉冲参数如图 6-3-20 所示，上升沿参数和下降沿参数如图 6-3-21 所示。

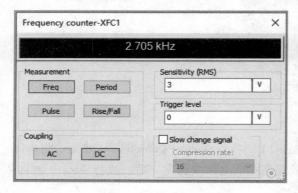

图 6-3-18　频率参数

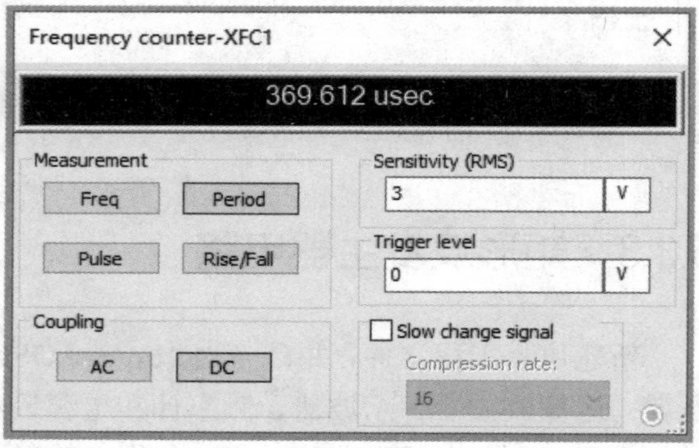

图 6-3-19　周期参数

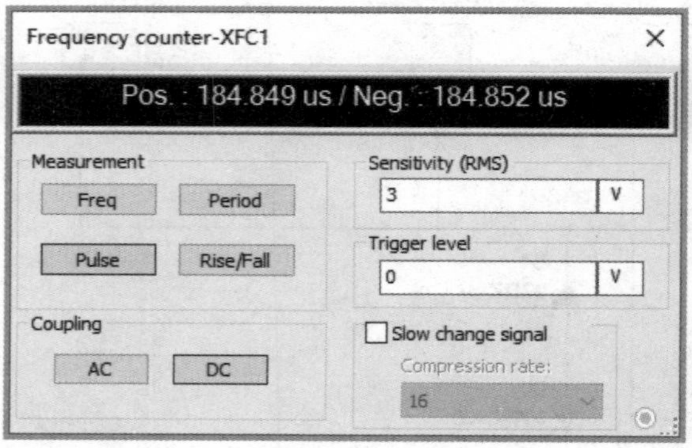

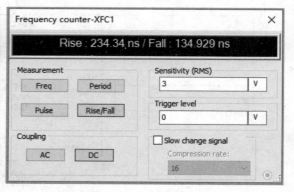

图 6-3-20　脉冲参数

图 6-3-21　上下沿参数

小提示

◎ 扫描右侧二维码可观看矩形波发生器电路仿真小视频。

◎ 读者可自行仿真其他情况。

6.3.4　三角波发生器电路

新建仿真工程文件，并命名为"Triangle OSC.ms14"。执行 Place → Component... 命令，将电阻、电容、运算放大器、示波器、频率计和电源等放置在图纸上，放置完毕后，执行 Place → Wire 命令，将图纸中各个元件连接起来，如图 6-3-22 所示。

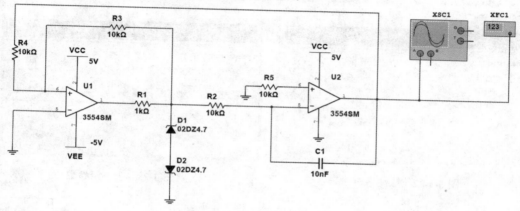

图 6-3-22　三角波发生器

执行 Simulate → ▶ Run 命令，运行三角波发生器电路仿真，双击示波器"XSC1"，刚刚起振时的波形如图 6-3-23 所示，当三角波形稳定后，如图 6-3-24 所示。

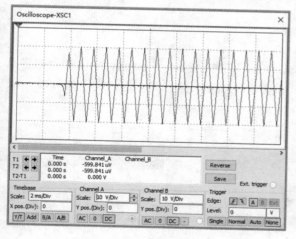

图 6-3-23　示波器波形 1

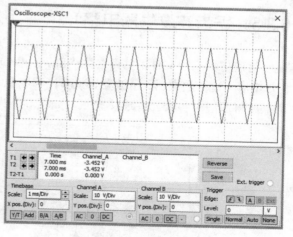

图 6-3-24　示波器波形 2

双击频率计"XFC1"，矩形波发生器电路的频率参数如图 6-3-25 所示，周期参数如图 6-3-26 所示，脉冲参数如图 6-3-27 所示，上升沿参数和下降沿参数如图 6-3-28 所示。

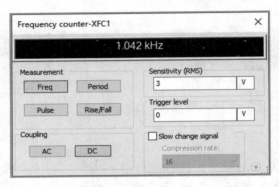

图 6-3-25　频率参数

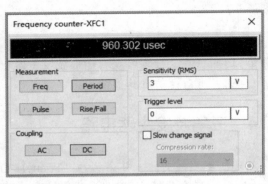

图 6-3-26　周期参数

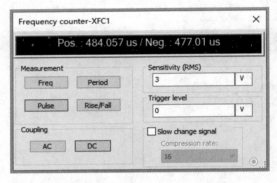

图 6-3-27　脉冲参数

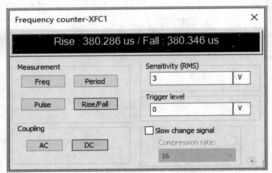

图 6-3-28　上下沿参数

小提示

◎ 扫描右侧二维码可观看三角波发生器电路仿真小视频。

◎ 读者可自行仿真其他情况。

6.3.5　锯齿波发生器电路

新建仿真工程文件，并命名为 "Sawtooth OSC.ms14"。执行 Place → Component… 命令，将电阻、电容、运算放大器、示波器、频率计和电源等放置在图纸上，放置完毕后，执行 Place → Wire 命令，将图纸中各个元件连接起来，如图 6-3-29 所示。

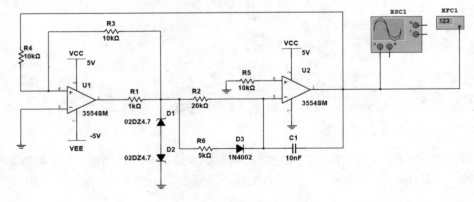

图 6-3-29　锯齿波发生器

执行 Simulate → ▶ Run 命令，运行锯齿波发生器电路仿真，双击示波器 "XSC1"，刚刚起振时的波形如图 6-3-30 所示，当锯齿波形稳定后，如图 6-3-31 所示。

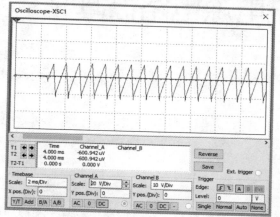

图 6-3-30　示波器波形 1

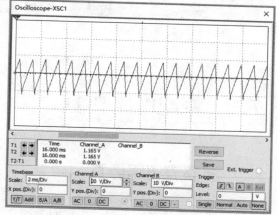

图 6-3-31　示波器波形 2

双击频率计 "XFC1"，锯齿波发生器电路的频率参数如图 6-3-32 所示，周期参数如图 6-3-33 所示，脉冲参数如图 6-3-34 所示，上升沿参数和下降沿参数如图 6-3-35 所示。

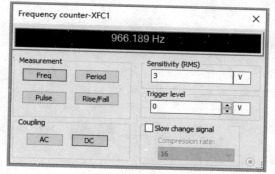

图 6-3-32　频率参数

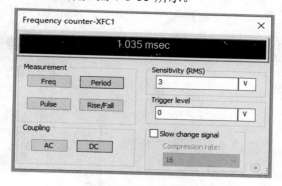

图 6-3-33　周期参数

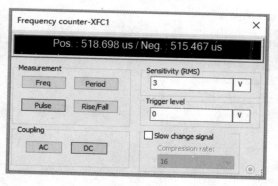

图 6-3-34　脉冲参数

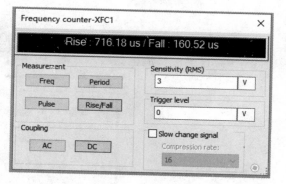

图 6-3-35　上下沿参数

小提示

◎ 扫描右侧二维码可观看锯齿波发生器电路仿真小视频。

◎ 读者可自行仿真其他情况。

第 7 章 直流电源电路仿真

7.1 整流电路仿真

7.1.1 半波整流电路仿真

半波整流电路是一种利用二极管的单向导通特性来进行整流的常见电路，只有半个周期内有电流流过负载，另半个周期被二极管所阻，没有电流。

新建仿真工程文件，并命名为 "Halfwave rectifier.ms14"。执行 Place → Component... 命令，将变压器、二极管、电阻、电压表、示波器和交流电源等放置在图纸上，放置完毕后，执行 Place → Wire 命令，将图纸中各个元件连接起来，如图 7-1-1 所示。

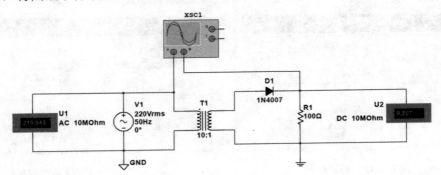

图 7-1-1　半波整流电路

执行 Simulate → ▶ Run 命令，运行半波整流电路仿真，示波器波形如图 7-1-2 所示。可见交流电源 V1 经过半波整流电路后，只保留了半个周期。

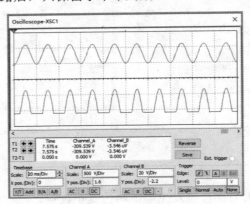

图 7-1-2　示波器波形

小提示

◎ 扫描右侧二维码可观看半波整流电路仿真小视频。

◎ 读者可自行仿真其他情况。

7.1.2　全波整流电路仿真

全波整流电路是指能够把交流转换成单一方向电流的电路，最少由两个整流器合并而成，一个负责正方向，另一个负责反方向。在这种整流电路中，在半个周期内，电流流过一个整流器件，而在另一个半周内，电流流经第二个整流器件，并且两个整流器件的连接能使流经它们的电流以同一方向流过负载。全波整流前后的波形与半波整流不同的是，在全波整流中利用了交流的两个半波，这就提高了整流器的效率，并使已整流电流更平滑。

新建仿真工程文件，并命名为"Fullwave rectifier.ms14"。执行 Place → Component... 命令，将变压器、二极管、电阻、电压表、示波器和交流电源等放置在图纸上，放置完毕后，执行 Place → Wire 命令，将图纸中各个元件连接起来，如图 7-1-3 所示。

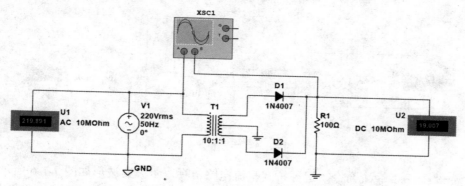

图 7-1-3　全波整流电路

执行 Simulate → ▶ Run 命令，运行全波整流电路仿真，示波器波形如图 7-1-4 所示。可见交流电源 V1 经过全波整流电路后，无论正半周还是负半周，通过负载电阻的电流方向总是相同的。

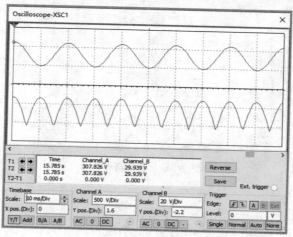

图 7-1-4　示波器波形

🖳 **小提示**

◎ 扫描右侧二维码可观看全波整流电路仿真小视频。

◎ 读者可自行仿真其他情况。

7.1.3　桥式整流电路仿真

桥式整流是对全波整流的一种改进。它利用二极管的单向导通性进行整流，常用来将交流电转变为直流电。桥式整流电路只要增加两只二极管并连接成"桥"式结构，便具有全波整流电路的优点。

新建仿真工程文件，并命名为"Bridgewave rectifier.ms14"。执行 Place→Component... 命令，将变压器、整流桥、电阻、电压表、示波器和交流电源等放置在图纸上，放置完毕后，执行 Place→Wire 命令，将图纸中各个元件连接起来，如图 7-1-5 所示。

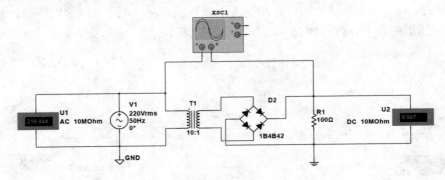

图 7-1-5　桥式整流电路

执行 Simulate→▶ Run 命令，运行桥式整流电路仿真，示波器波形如图 7-1-6 所示。可见交流电源 V1 经过桥式整流电路后，无论正半周还是负半周，通过负载电阻的电流方向总是相同的。

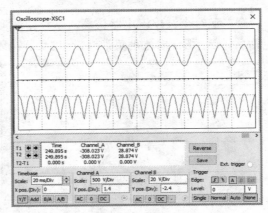

图 7-1-6　示波器波形

🖳 **小提示**

◎ 扫描右侧二维码可观看桥式整流电路仿真小视频。

◎ 读者可自行仿真其他情况。

7.2　滤波电路仿真

7.2.1　桥式整流电容滤波电路仿真

新建仿真工程文件，并命名为 "C rejector.ms14"。执行 Place → Component... 命令，将电容、变压器、二极管、电阻、示波器和交流电源等放置在图纸上，放置完毕后，执行 Place → Wire 命令，将图纸中各个元件连接起来，如图 7-2-1 所示。

执行 Simulate → ▷ Run 命令，运行桥式整流电容滤波电路仿真，示波器波形如图 7-2-2 所示。

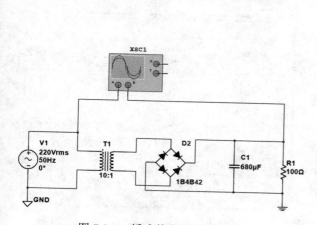

图 7-2-1　桥式整电容滤波电路 1

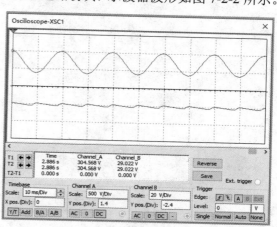

图 7-2-2　示波器波形 1

执行 Simulate → ■ Stop 命令，停止桥式整流电容滤波电路仿真，双击电容 "C1"，将电容值设置为 "180μF"，如 7-2-3 所示。执行 Simulate → ▷ Run 命令，运行桥式整流电容滤波电路仿真，示波器波形如图 7-2-4 所示。两个仿真结果对比，电容值较大的桥式整流电容滤波电路输出波形较为平缓。

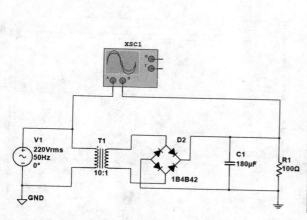

图 7-2-3　桥式整流电容滤波电路 2

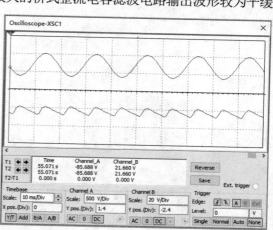

图 7-2-4　示波器波形 2

小提示

◎扫描右侧二维码可观看桥式整流电容滤波电路仿真小视频。

◎读者可自行仿真其他情况。

7.2.2 桥式整流电感滤波电路仿真

新建仿真工程文件，并命名为"L rejector.ms14"。执行 Place → Component... 命令，将电感、变压器、二极管、电阻、示波器和交流电源等放置在图纸上，放置完毕后，执行 Place → Wire 命令，将图纸中各个元件连接起来，如图 7-2-5 所示。

执行 Simulate → ▷ Run 命令，运行桥式整流电感滤波电路仿真，示波器波形如图 7-2-6 所示。

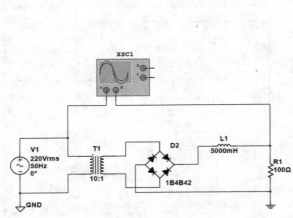

图 7-2-5 桥式整流电感滤波电路 1

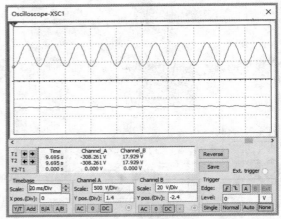

图 7-2-6 示波器波形 1

执行 Simulate → ■ Stop 命令，停止桥式整流电感滤波电路仿真，双击电电感"L1"，将电感值设置为"500mH"，如图 7-2-7 所示。执行 Simulate → ▷ Run 命令，运行桥式整流电感滤波电路仿真，示波器波形如图 7-2-8 所示。两个仿真结果对比，电感值较大的桥式整流电感滤波电路输出波形较为平缓。

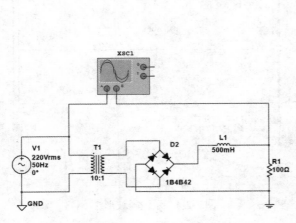

图 7-2-7 桥式整流电感滤波电路 2

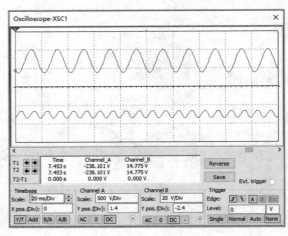

图 7-2-8 示波器波形 2

小提示

◎　扫描右侧二维码可观看桥式整流电感滤波电路仿真小视频。

◎　读者可自行仿真其他情况。

7.2.3　桥式整流 LC 滤波电路仿真

新建仿真工程文件，并命名为"LC rejector.ms14"。执行 Place → Component... 命令，将电感、电容、变压器、二极管、电阻、示波器和交流电源等放置在图纸上，放置完毕后，执行 Place → Wire 命令，将图纸中各个元件连接起来，如图 7-2-9 所示。

执行 Simulate → ▷ Run 命令，运行桥式整流 LC 滤波电路仿真，示波器波形如图 7-2-10 所示。

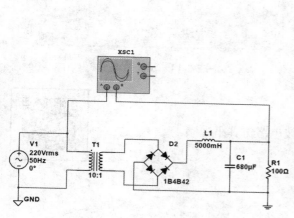

图 7-2-9　桥式整流 LC 滤波电路 1

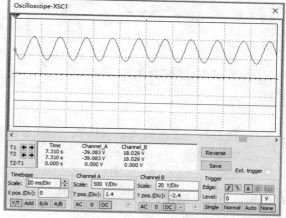

图 7-2-10　示波器波形 1

执行 Simulate → ■ Stop 命令，停止桥式整流 LC 滤波电路仿真，双击电感 "L1"，将电感值设置为 "100mH"，如图 7-2-11 所示。执行 Simulate → ▷ Run 命令，运行桥式整流电感滤波电路仿真，示波器波形如图 7-2-12 所示。

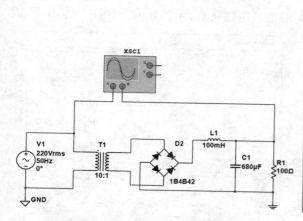

图 7-2-11　桥式整流 LC 滤波电路 2

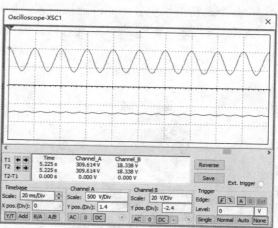

图 7-2-12　示波器波形 2

执行 Simulate → ■ Stop 命令，停止桥式整流 LC 滤波电路仿真，双击电容 "C1"，将电容值

设置为 "100μF"，如图 7-2-13 所示。执行 Simulate → ▷ Run 命令，运行桥式整流 LC 滤波电路仿真，示波器波形如图 7-2-14 所示。三个仿真结果对比，电感值和电容值均较大的桥式整流 LC 滤波电路输出波形较为平缓。

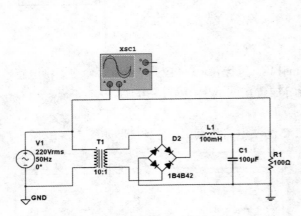

图 7-2-13　桥式整流 LC 滤波电路 3

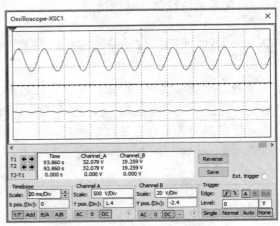

图 7-2-14　示波器波形 3

小提示

◎ 扫描右侧二维码可观看桥式整流 LC 滤波电路仿真小视频。

◎ 读者可自行仿真其他情况。

7.2.4　桥式整流 π 形滤波电路仿真

1. CLC 电路

新建仿真工程文件，并命名为 "CLC rejector.ms14"。执行 Place → Component... 命令，将电感、电容、变压器、二极管、电阻、示波器和交流电源等放置在图纸上，放置完毕后，执行 Place → Wire 命令，将图纸中各个元件连接起来，如图 7-2-15 所示。

执行 Simulate → ▷ Run 命令，运行桥式整流 π 形滤波电路仿真，示波器波形如图 7-2-16 所示。

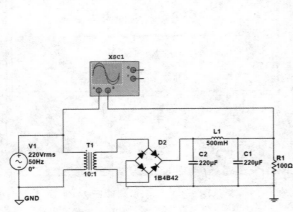

图 7-2-15　桥式整流 π 形滤波电路 1

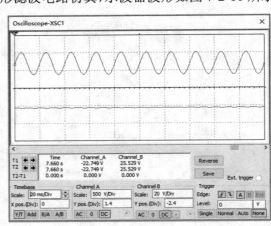

图 7-2-16　示波器波形 1

2．CRC 电路

新建仿真工程文件，并命名为"CRC rejector.ms14"。执行 Place → Component... 命令，将电容、变压器、二极管、电阻、示波器和交流电源等放置在图纸上，放置完毕后，执行 Place → Wire 命令，将图纸中各个元件连接起来，如图 7-2-17 所示。

执行 Simulate → ▶ Run 命令，运行桥式整流 π 形滤波电路仿真，示波器波形如图 7-2-18 所示。

由两种桥式整流 π 形滤波电路仿真结果可知，CRC 电路桥式整流 π 形滤波电路的输出波形较为平缓。

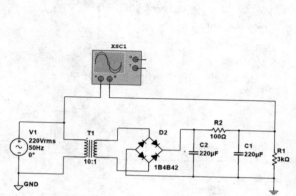

图 7-2-17　桥式整流 π 形滤波电路 2

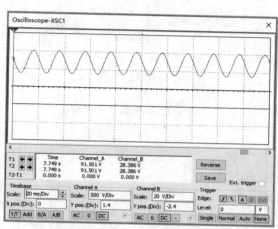

图 7-2-18　示波器波形 2

小提示

◎ 扫描右侧二维码可观看桥式整流 π 形滤波电路仿真小视频。

◎ 读者可自行仿真其他情况。

7.3 稳压电路仿真

7.3.1 二极管稳压电路仿真

新建仿真工程文件，并命名为"Diode regulation.ms14"。执行 Place → Component... 命令，将直流电源、二极管、电阻、电压表、示波器和交流电源等放置在图纸上，放置完毕后，执行 Place → Wire 命令，将图纸中各个元件连接起来，如图 7-3-1 所示。

执行 Simulate → ▶ Run 命令，运行二极管稳压电路仿真，电压表示数为"6.832V"，如图 7-3-2 所示，示波器波形如图 7-3-3 所示。

执行 Simulate → ■ Stop 命令，停止二极管稳压电路仿真，将二极管稳压电路中二极管"1N5996"更换为二极管"1N5992"，如图 7-3-4 所示。执行 Simulate → ▶ Run 命令，运行二极管稳压电路仿真，电压表示数为"4.755V"，如图 7-3-5 所示，示波器波形如图 7-3-6 所示。

小提示

◎ 扫描右侧二维码可观看二极管稳压电路仿真小视频。

◎ 读者可自行仿真其他情况。

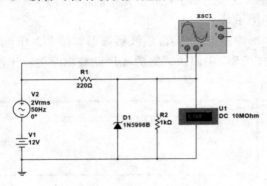

图 7-3-1   二极管稳压电路 1   图 7-3-2   二极管稳压电路仿真结果 1

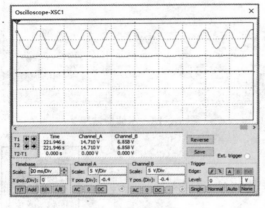

图 7-3-3   示波器波形 1

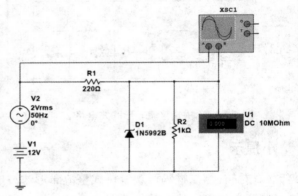

图 7-3-4   二极管稳压电路 2

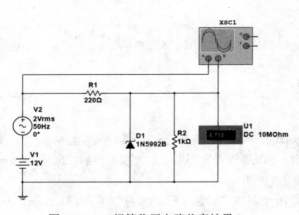

图 7-3-5   二极管稳压电路仿真结果 2

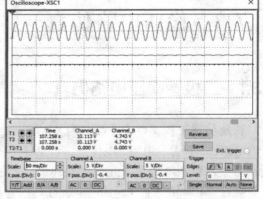

图 7-3-6   示波器波形 2

7.3.2   三端稳压器稳压电路仿真

新建仿真工程文件，并命名为 "LM7805.ms14"。执行 Place → Component... 命令，将三端稳

压器、直流电源、电容、电阻和电压表等放置在图纸上，放置完毕后，执行 Place → Wire 命令，
将图纸中各个元件连接起来，如图 7-3-7 所示。

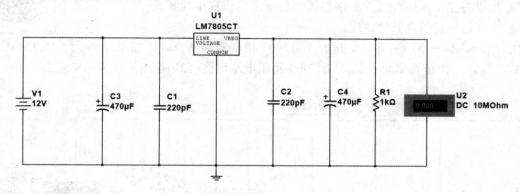

图 7-3-7　LM7805 稳压电路

执行 Simulate → ▶ Run 命令，运行 LM7805 稳压电路仿真，电压表示数为"5.002V"，如图 7-3-8
所示。由仿真结果可见，LM7805 稳压电路可将 12V 电压转化为 5V 左右。

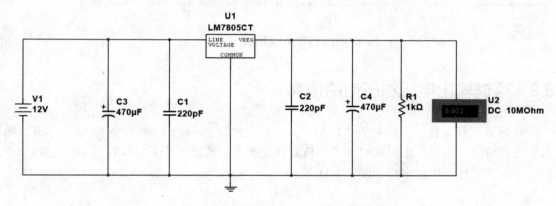

图 7-3-8　LM7805 稳压电路仿真结果

新建仿真工程文件，并命名为"LM7905.ms14"。执行 Place → Component... 命令，将三端稳
压器、直流电源、电容、电阻和电压表等放置在图纸上，放置完毕后，执行 Place → Wire 命令，
将图纸中各个元件连接起来，如图 7-3-9 所示。

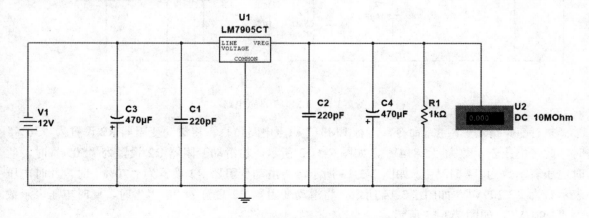

图 7-3-9　LM7905 稳压电路

▦ 小提示

◎ 扫描右侧二维码可观看三端稳压器稳压电路仿真小视频。

◎ 读者可自行仿真其他情况。

执行 $\underline{\text{S}}$imulate → ▶ $\underline{\text{R}}$un 命令，运行 LM7905 稳压电路仿真，电压表示数为 "-5.324V"，如图 7-3-10 所示。由仿真结果可见，LM7905 稳压电路可将-12V 电压转化为-5V 左右。

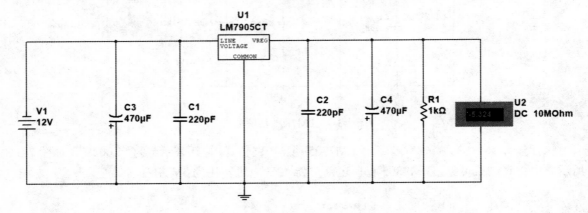

图 7-3-10 LM7905 稳压电路仿真结果

7.3.3 可调输出电压稳压电路仿真

新建仿真工程文件，并命名为 "LM317.ms14"。执行 $\underline{\text{P}}$lace → $\underline{\text{C}}$omponent... 命令，将三端稳压器、直流电源、电容、电阻和电压表等放置在图纸上，放置完毕后，执行 $\underline{\text{P}}$lace → $\underline{\text{W}}$ire 命令，将图纸中各个元件连接起来，如图 7-3-11 所示。

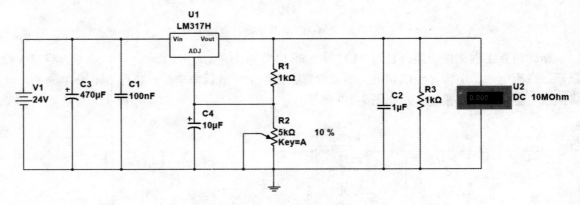

图 7-3-11 LM317 稳压电路

执行 $\underline{\text{S}}$imulate → ▶ $\underline{\text{R}}$un 命令，运行 LM317 稳压电路仿真。将滑动变阻器 R2 设置为 "30%"时，此时电压表示数为 "5.814V"，如图 7-3-12 所示。将滑动变阻器 R2 设置为 "50%"时，此时电压表示数为 "4.512V"，如图 7-3-13 所示。将滑动变阻器 R2 设置为 "70%"时，此时电压表示数为 "3.209V"，如图 7-3-14 所示。将滑动变阻器 R2 设置为 "90%"时，此时电压表示数为 "1.907V"，如图 7-3-15 所示。

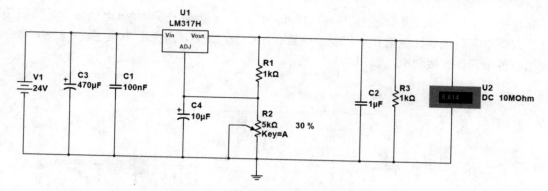

图 7-3-12　LM317 稳压电路仿真结果 1

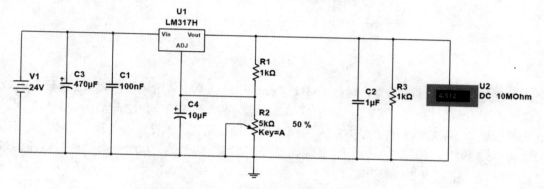

图 7-3-13　LM317 稳压电路仿真结果 2

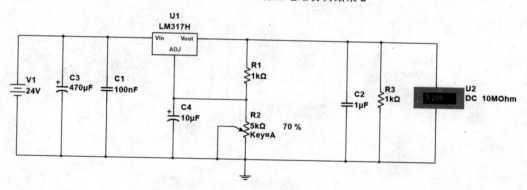

图 7-3-14　LM317 稳压电路仿真结果 3

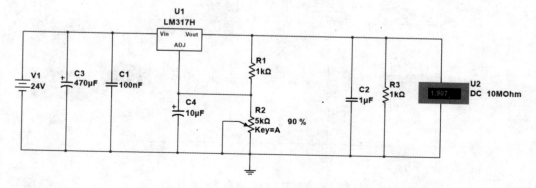

图 7-3-15　LM317 稳压电路仿真结果 4

新建仿真工程文件，并命名为"LM1117.ms14"。执行 Place → Component... 命令，将三端稳压器、直流电源、电容、电阻和电压表等放置在图纸上，放置完毕后，执行 Place → Wire 命令，将图纸中各个元件连接起来，如图 7-3-16 所示。

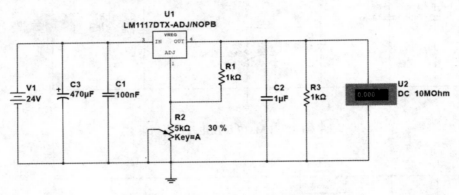

图 7-3-16　LM1117 稳压电路

执行 Simulate → ▶ Run 命令，运行 LM1117 稳压电路仿真。将滑动变阻器 R2 设置为"30%"时，此时电压表示数为"5.628V"，如图 7-3-17 所示。将滑动变阻器 R2 设置为"50%"时，此时电压表示数为"4.378V"，如图 7-3-18 所示。将滑动变阻器 R2 设置为"70%"时，此时电压表示数为"3.129V"，如图 7-3-19 所示。将滑动变阻器 R2 设置为"90%"时，此时电压表示数为"1.879V"，如图 7-3-20 所示。

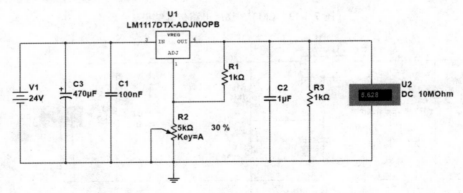

图 7-3-17　LM117 稳压电路仿真结果 1

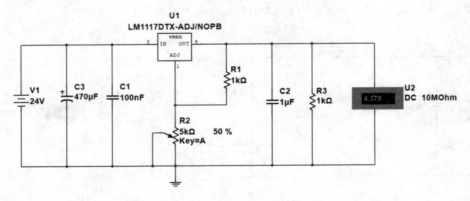

图 7-3-18　LM117 稳压电路仿真结果 2

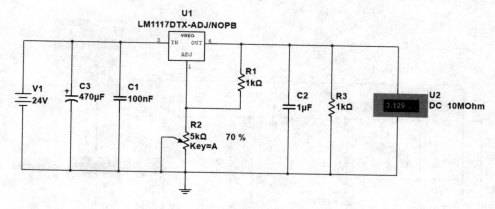

图 7-3-19　LM117 稳压电路仿真结果 3

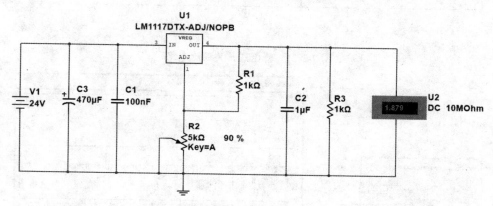

图 7-3-20　LM117 稳压电路仿真结果 4

小提示

◎ 扫描右侧二维码可观看可调输出电压稳压电路仿真小视频。

◎ 读者可自行仿真其他情况。

7.3.4　降压式开关稳压电路仿真

新建仿真工程文件，并命名为"Buck.ms14"。执行 Place → Component... 命令，将 MOS 管、信号发生器、电感、二极管、直流电源、电容、电阻和电压表等放置在图纸上，放置完毕后，执行 Place → Wire 命令，将图纸中各个元件连接起来，如图 7-3-21 所示。

双击信号发生器"XFG1"，弹出"Function generator-XFG1"对话框，将占空比设置为"80%"，如图 7-3-22 所示。执行 Simulate → ▶ Run 命令，运行降压式开关稳压电路仿真，示波器波形如图 7-3-23 所示，电压表示数为"19.953V"，如图 7-3-24 所示。

执行 Simulate → ■ Stop 命令，停止降压式开关稳压电路仿真，双击信号发生器"XFG1"，弹出"Function generator-XFG1"对话框，将占空比设置为"60%"，如图 7-3-25 所示。执行 Simulate → ▶ Run 命令，运行降压式开关稳压电路仿真，示波器波形如图 7-3-26 所示，电压表示数为"12.68V"，如图 7-3-27 所示。

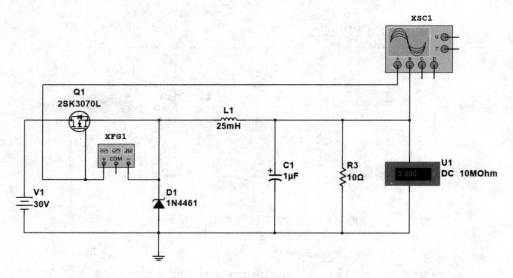

图 7-3-21　降压式开关稳压电路

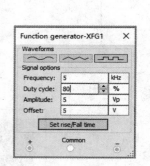

图 7-3-22　信号发生器参数设置 1

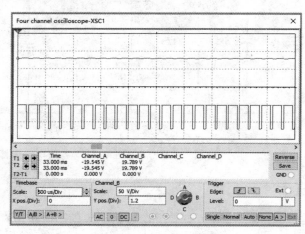

图 7-3-23　示波器波形 1

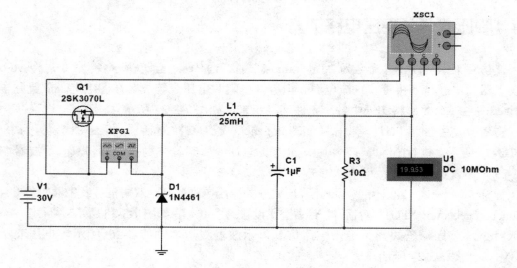

图 7-3-24　降压式开关稳压电路仿真结果 1

图 7-3-25　信号发生器参数设置 2

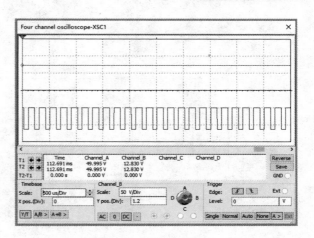

图 7-3-26　示波器波形 2

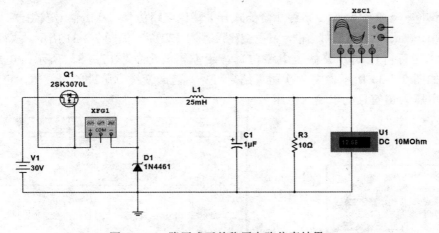

图 7-3-27　降压式开关稳压电路仿真结果 2

执行 <u>S</u>imulate → ■ Stop 命令，停止降压式开关稳压电路仿真，双击信号发生器"XFG1"，弹出"Function generator-XFG1"对话框，将占空比设置为"40%"，如图 7-3-28 所示。执行 <u>S</u>imulate → ▶ <u>R</u>un 命令，运行降压式开关稳压电路仿真，示波器波形如图 7-3-29 所示，电压表示数为"7.231V"，如图 7-3-30 所示。

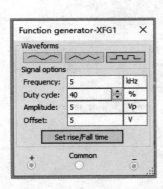

图 7-3-28　信号发生器参数设置 3

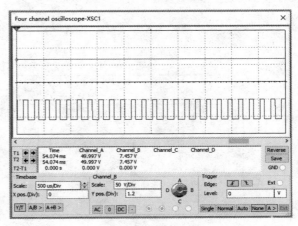

图 7-3-29　示波器波形 3

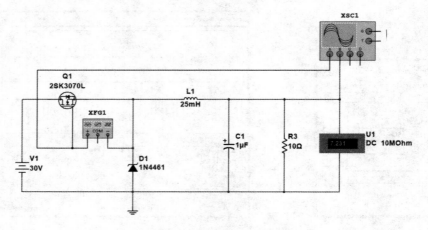

图 7-3-30　降压式开关稳压电路仿真结果 3

　　执行 <u>S</u>imulate → ■ Stop 命令，停止降压式开关稳压电路仿真，双击信号发生器"XFG1"，弹出"Function generator-XFG1"对话框，将占空比设置为"20%"，如图 7-3-31 所示。执行 <u>S</u>imulate → ▶ <u>R</u>un 命令，运行降压式开关稳压电路仿真，示波器波形如图 7-3-32 所示，电压表示数为"3.002V"，如图 7-3-33 所示。由 4 次仿真结果可见：若改变控制脉冲的占空比，可以调节输出电压，输出电压为正值且低于输入电压。

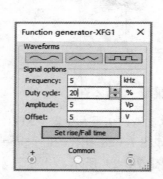

图 7-3-31　信号发生器参数设置 4

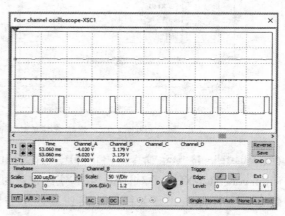

图 7-3-32　示波器波形 4

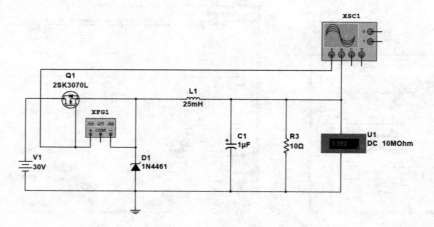

图 7-3-33　降压式开关稳压电路仿真结果 4

小提示

◎ 扫描右侧二维码可观看降压式开关稳压电路仿真小视频。

◎ 读者可自行仿真其他情况。

7.3.5 升压式开关稳压电路仿真

新建仿真工程文件，并命名为"Boost.ms14"。执行 Place → Component... 命令，将 MOS 管、信号发生器、电感、二极管、直流电源、电容、电阻和电压表等放置在图纸上，放置完毕后，执行 Place → Wire 命令，将图纸中各个元件连接起来，如图 7-3-34 所示。

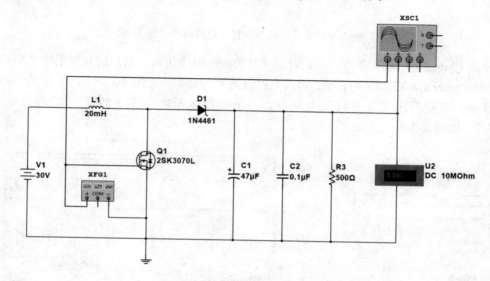

图 7-3-34　升压式开关稳压电路

双击信号发生器"XFG1"，弹出"Function generator-XFG1"对话框，将占空比设置为"80%"，如图 7-3-35 所示。执行 Simulate → ▶ Run 命令，运行升压式开关稳压电路仿真，示波器波形如图 7-3-36 所示，电压表示数为"96.36V"，如图 7-3-37 所示。

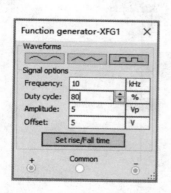

图 7-3-35　信号发生器参数设置 1

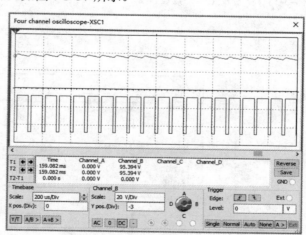

图 7-3-36　示波器波形 1

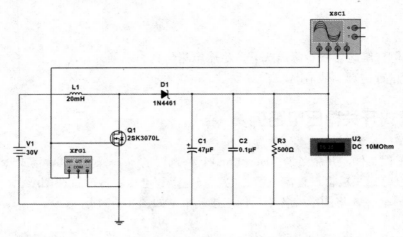

图 7-3-37　升压式开关稳压电路仿真结果 1

执行 <u>S</u>imulate → ■ <u>S</u>top 命令，停止升压式开关稳压电路仿真，双击信号发生器"XFG1"，弹出"Function generator-XFG1"对话框，将占空比设置为"60%"，如图 7-3-38 所示。执行 <u>S</u>imulate → ▶ <u>R</u>un 命令，运行升压式开关稳压电路仿真，示波器波形如图 7-3-39 所示，电压表示数为"60.174V"，如图 7-3-40 所示。

图 7-3-38　信号发生器参数设置 2

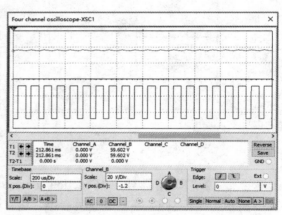

图 7-3-39　示波器波形 2

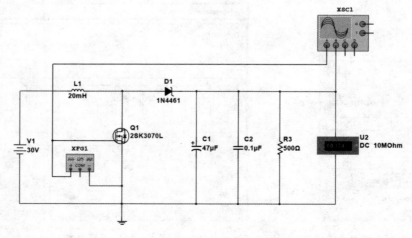

图 7-3-40　升压式开关稳压电路仿真结果 2

　　执行 <u>S</u>imulate → ■ Stop 命令，停止升压式开关稳压电路仿真，双击信号发生器"XFG1"，弹出"Function generator-XFG1"对话框，将占空比设置为"40%"，如图 7-3-41 所示。执行 <u>S</u>imulate → ▶ <u>R</u>un 命令，运行升压式开关稳压电路仿真，示波器波形如图 7-3-42 所示，电压表示数为"43.908V"，如图 7-3-43 所示。

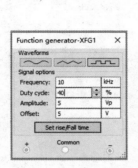

图 7-3-41　信号发生器参数设置 3

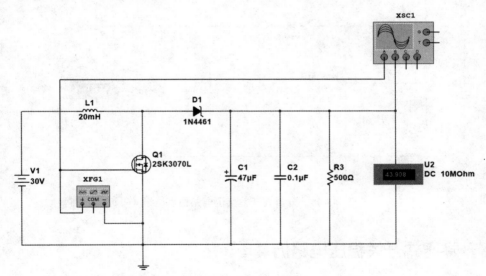

图 7-3-42　示波器波形 3

图 7-3-43　升压式开关稳压电路仿真结果 3

　　执行 <u>S</u>imulate → ■ Stop 命令，停止升压式开关稳压电路仿真，双击信号发生器"XFG1"，弹出"Function generator-XFG1"对话框，将占空比设置为"20%"，如图 7-3-44 所示。执行 <u>S</u>imulate → ▶ <u>R</u>un 命令，运行升压式开关稳压电路仿真，示波器波形如图 7-3-45 所示，电压表示数为"34.674V"，如图 7-3-46 所示。由 4 次仿真结果可见：若改变控制脉冲的占空比，可以调节输出电压，输出电压为正值且高于输入电压。

🖫 小提示

◎ 扫描右侧二维码可观看升压式开关稳压电路仿真小视频。

◎ 读者可自行仿真其他情况。

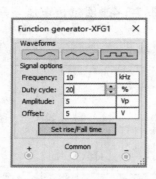

图 7-3-44　信号发生器参数设置 4

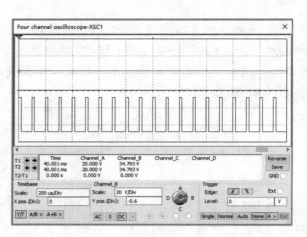

图 7-3-45　示波器波形 4

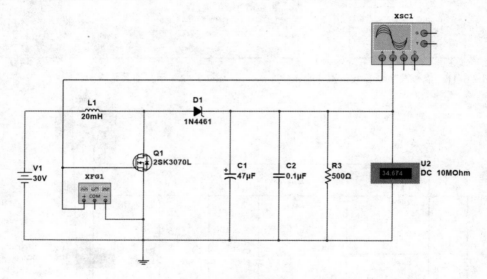

图 7-3-46　升压式开关稳压电路仿真结果 4

7.3.6　升降压式开关稳压电路仿真

新建仿真工程文件，并命名为"Buck-Boost.ms14"。执行 Place → Component... 命令，将 MOS 管、信号发生器、电感、二极管、直流电源、电容、电阻和电压表等放置在图纸上，放置完毕后，执行 Place → Wire 命令，将图纸中各个元件连接起来，如图 7-3-47 所示。

双击信号发生器"XFG1"，弹出"Function generator-XFG1"对话框，将占空比设置为"80%"，如图 7-3-48 所示。执行 Simulate → ▶ Run 命令，运行升降压式开关稳压电路仿真，示波器波形如图 7-3-49 所示，电压表示数为"−69.331V"，如图 7-3-50 所示。

执行 Simulate → ■ Stop 命令，停止升降压式开关稳压电路仿真，双击信号发生器"XFG1"，弹出"Function generator-XFG1"对话框，将占空比设置为"60%"，如图 7-3-51 所示。执行 Simulate → ▶ Run 命令，运行升降压式开关稳压电路仿真，示波器波形如图 7-3-52 所示，电压表示数为"−31.563V"，如图 7-3-53 所示。

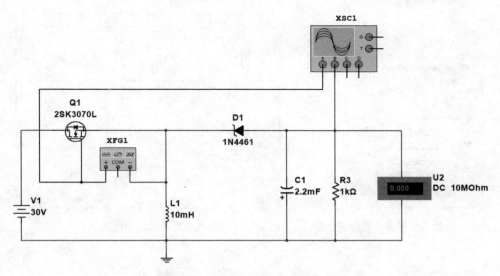

图 7-3-47　升降压式开关稳压电路

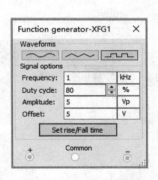

图 7-3-48　信号发生器参数设置 1

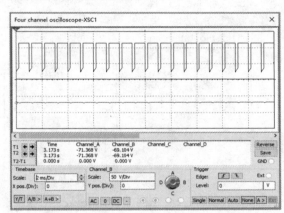

图 7-3-49　示波器波形 1

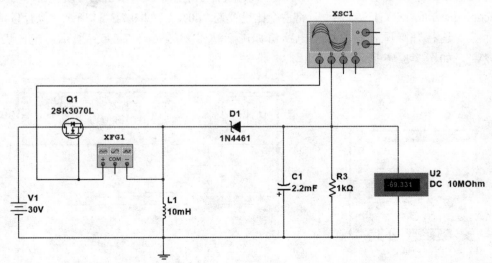

图 7-3-50　升降压式开关稳压电路仿真结果 1

图 7-3-51　信号发生器参数设置 2

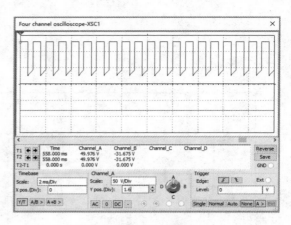

图 7-3-52　示波器波形 2

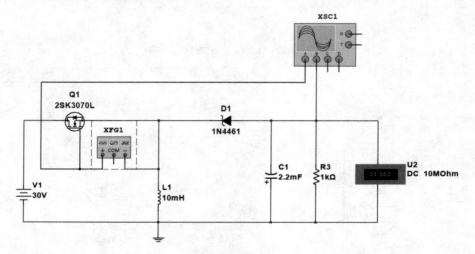

图 7-3-53　升降压式开关稳压电路仿真结果 2

执行 <u>S</u>imulate → ■ <u>S</u>top 命令，停止升降压式开关稳压电路仿真，双击信号发生器"XFG1"，弹出"Function generator-XFG1"对话框，将占空比设置为"40%"，如图 7-3-54 所示。执行 <u>S</u>imulate → ▶ <u>R</u>un 命令，运行升降压式开关稳压电路仿真，示波器波形如图 7-3-55 所示，电压表示数为"-15.467V"，如图 7-3-56 所示。

图 7-3-54　信号发生器参数设置 3

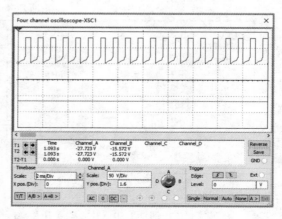

图 7-3-55　示波器波形 3

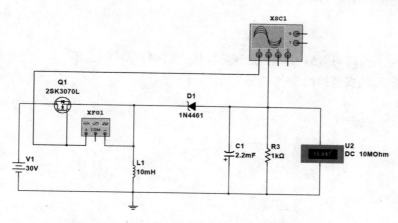

图 7-3-56　升降压式开关稳压电路仿真结果 3

　　执行 <u>Simulate</u> → ■ <u>Stop</u> 命令，停止升降压式开关稳压电路仿真，双击信号发生器"XFG1"，弹出"Function generator-XFG1"对话框，将占空比设置为"20%"，如图 7-3-57 所示。执行 <u>Simulate</u> → ▶ <u>Run</u> 命令，运行升降压式开关稳压电路仿真，示波器波形如图 7-3-58 所示，电压表示数为"-7.974V"，如图 7-3-59 所示。由 4 次仿真结果可见：若改变控制脉冲的占空比，可以调节输出电压，输出电压为负值，且既可以高于输入电压又可以低于输入电压。

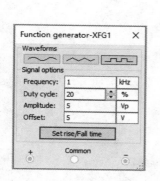

图 7-3-57　信号发生器参数设置 4

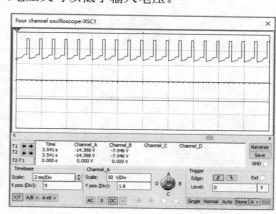

图 7-3-58　示波器波形 4

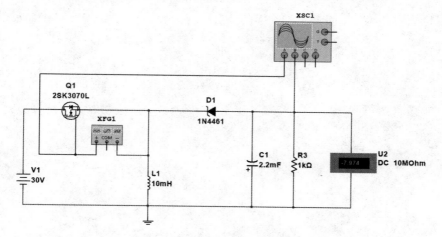

图 7-3-59　升降压式开关稳压电路仿真结果 4

小提示

◎ 扫描右侧二维码可观看升降压式开关稳压电路仿真小视频。

◎ 读者可自行仿真其他情况。

第 8 章 单片机电路仿真

8.1 流水灯电路仿真

8.1.1 总体要求

本节流水灯电路主要设计要求如下：

☺ 流水灯电路共包含 40 个 LED，并且共有 4 种闪烁模式。

☺ 第 1 种模式，40 个 LED 依次亮起熄灭。

☺ 第 2 种模式，8 个 LED 为一组，共分为 4 组，8 组 LED 依次亮起熄灭。

☺ 第 3 种模式，40 个 LED 依次亮起。

☺ 第 4 种模式，40 个 LED 同时亮起，40 个 LED 同时熄灭。

8.1.2 硬件电路

新建仿真工程文件，并命名为"LED.ms14"。执行 Place → Component... 命令，将 8051 单片机、晶振、电阻和电容等放置在图纸上，放置完毕后，执行 Place → Wire 命令，将图纸中各个元件连接起来，绘制出的 8051 单片机最小系统电路如图 8-1-1 所示。电阻 R1 通过网络标号"RST"与 8051 单片机的"RST"引脚相连；晶振 X1 通过网络标号"XTAL1"和网络标号"XTAL2"分别与 8051 单片机的"XTAL1"引脚和"XTAL2"引脚相连。

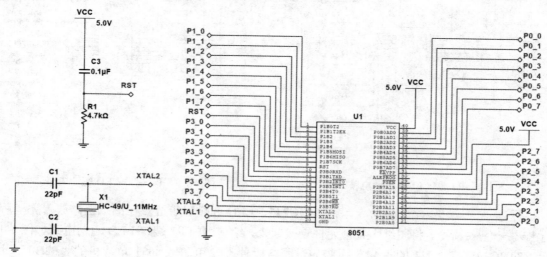

图 8-1-1 8051 单片机最小系统电路

执行 Place → Component... 命令，将 74HC245、LED 和排阻等放置在图纸上，放置完毕后，执行 Place → Wire 命令，将图纸中各个元件连接起来，绘制出的 P0 端口 LED 驱动电路如图 8-1-2 所示。74HC245 芯片 U2 的 "A1" 引脚通过网络标号 "P0_0" 与 8051 单片机的 "P0B0" 引脚相连；74HC245 芯片 U2 的 "A2" 引脚通过网络标号 "P0_1" 与 8051 单片机的 "P0B1" 引脚相连；74HC245 芯片 U2 的 "A3" 引脚通过网络标号 "P0_2" 与 8051 单片机的 "P0B2" 引脚相连；74HC245 芯片 U2 的 "A4" 引脚通过网络标号 "P0_3" 与 8051 单片机的 "P0B3" 引脚相连；74HC245 芯片 U2 的 "A5" 引脚通过网络标号 "P0_4" 与 8051 单片机的 "P0B4" 引脚相连；74HC245 芯片 U2 的 "A6" 引脚通过网络标号 "P0_5" 与 8051 单片机的 "P0B5" 引脚相连；74HC245 芯片 U2 的 "A7" 引脚通过网络标号 "P0_6" 与 8051 单片机的 "P0B6" 引脚相连；74HC245 芯片 U2 的 "A8" 引脚通过网络标号 "P0_7" 与 8051 单片机的 "P0B7" 引脚相连。

执行 Place → Component... 命令，将 74HC245、LED 和排阻等放置在图纸上，放置完毕后，执行 Place → Wire 命令，将图纸中各个元件连接起来，绘制出的 P1 端口 LED 驱动电路如图 8-1-3 所示。74HC245 芯片 U3 的 "A1" 引脚通过网络标号 "P1_0" 与 8051 单片机的 "P1B0" 引脚相连；74HC245 芯片 U3 的 "A2" 引脚通过网络标号 "P1_1" 与 8051 单片机的 "P1B1" 引脚相连；74HC245 芯片 U3 的 "A3" 引脚通过网络标号 "P1_2" 与 8051 单片机的 "P1B2" 引脚相连；74HC245 芯片 U3 的 "A4" 引脚通过网络标号 "P1_3" 与 8051 单片机的 "P1B3" 引脚相连；74HC245 芯片 U3 的 "A5" 引脚通过网络标号 "P1_4" 与 8051 单片机的 "P1B4" 引脚相连；74HC245 芯片 U3 的 "A6" 引脚通过网络标号 "P1_5" 与 8051 单片机的 "P1B5" 引脚相连；74HC245 芯片 U3 的 "A7" 引脚通过网络标号 "P1_6" 与 8051 单片机的 "P1B6" 引脚相连；74HC245 芯片 U3 的 "A8" 引脚通过网络标号 "P1_7" 与 8051 单片机的 "P1B7" 引脚相连。

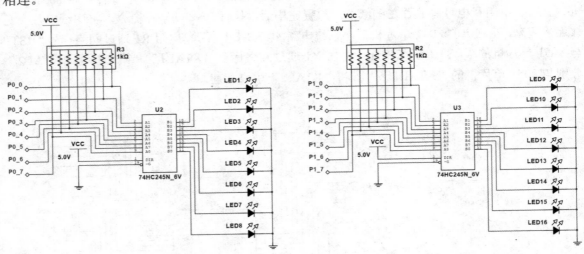

图 8-1-2　P0 端口 LED 驱动电路　　　　　图 8-1-3　P1 端口 LED 驱动电路

执行 Place → Component... 命令，将 74HC245、LED 和排阻等放置在图纸上，放置完毕后，执行 Place → Wire 命令，将图纸中各个元件连接起来，绘制出的 P2 端口 LED 驱动电路如图 8-1-4 所示。74HC245 芯片 U4 的 "A1" 引脚通过网络标号 "P2_0" 与 8051 单片机的 "P2B0" 引脚相连；74HC245 芯片 U4 的 "A2" 引脚通过网络标号 "P2_1" 与 8051 单片机的 "P2B1" 引脚相连；74HC245 芯片 U4 的"A3"引脚通过网络标号"P2_2"与 8051 单片机的"P2B2"引脚相连；74HC245 芯片 U4 的"A4"引脚通过网络标号"P2_3"与 8051 单片机的"P2B3"引脚相连；74HC245 芯片 U4 的"A5"引脚通过网络标号"P2_4"与 8051 单片机的"P2B4"引脚相连；74HC245 芯片 U4 的"A6"引脚通过网络标号"P2_5"与 8051 单片机的"P2B5"引脚相连；74HC245 芯片 U4 的"A7"引脚通过网络标号"P2_6"与 8051 单片机的"P2B6"引脚相连；74HC245 芯片 U4 的"A8"引脚通过网络标号"P2_7"与 8051 单片机的"P2B7"引脚相连。

执行 Place→Component... 命令，将 74HC245、LED 和排阻等放置在图纸上，放置完毕后，执行 Place→Wire 命令，将图纸中各个元件连接起来，绘制出的 P3 端口 LED 驱动电路如图 8-1-5所示。74HC245 芯片 U5 的"A1"引脚通过网络标号"P3_0"与 8051 单片机的"P3B0"引脚相连；74HC245 芯片 U5 的"A2"引脚通过网络标号"P3_1"与 8051 单片机的"P3B1"引脚相连；74HC245 芯片 U5 的"A3"引脚通过网络标号"P3_2"与 8051 单片机的"P3B2"引脚相连；74HC245 芯片 U5 的"A4"引脚通过网络标号"P3_3"与 8051 单片机的"P3B3"引脚相连；74HC245 芯片 U5 的"A5"引脚通过网络标号"P3_4"与 8051 单片机的"P3B4"引脚相连；74HC245 芯片 U5 的"A6"引脚通过网络标号"P3_5"与 8051 单片机的"P3B5"引脚相连；74HC245 芯片 U5 的"A7"引脚通过网络标号"P3_6"与 8051 单片机的"P3B6"引脚相连；74HC245 芯片 U5 的"A8"引脚通过网络标号"P3_7"与 8051 单片机的"P3B7"引脚相连。

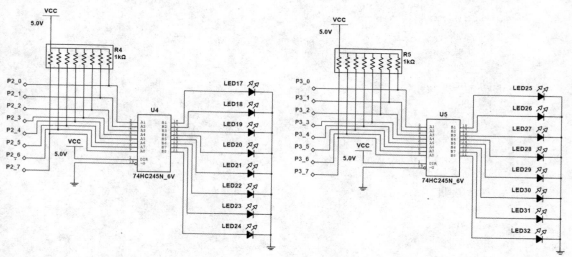

图 8-1-4 P2 端口 LED 驱动电路　　　　　图 8-1-5 P3 端口 LED 驱动电路

8.1.3 单片机程序

8051 单片机引脚作用如下："P0B0"引脚控制 LED1，"P0B1"引脚控制 LED2，"P0B2"引脚控制 LED3，"P0B3"引脚控制 LED4，"P0B4"引脚控制 LED5，"P0B5"引脚控制 LED6，"P0B6"引脚控制 LED7，"P0B7"引脚控制 LED8；"P1B0"引脚控制 LED9，"P1B1"引脚控制 LED10，"P1B2"引脚控制 LED11，"P1B3"引脚控制 LED12，"P1B4"引脚控制 LED13，"P1B5"引脚控制 LED14，"P1B6"引脚控制 LED15，"P1B7"引脚控制 LED16；"P2B0"引脚控制 LED17，

"P2B1"引脚控制 LED18，"P2B2"引脚控制 LED19，"P2B3"引脚控制 LED20，"P2B4"引脚控制 LED21，"P2B5"引脚控制 LED22，"P2B6"引脚控制 LED23，"P2B7"引脚控制 LED24；"P3B0"引脚控制 LED25，"P3B1"引脚控制 LED26，"P3B2"引脚控制 LED27，"P3B3"引脚控制 LED28，"P3B4"引脚控制 LED29，"P3B5"引脚控制 LED30，"P3B6"引脚控制 LED31，"P3B7"引脚控制 LED32。

本例整体程序如下：

```c
#include<8051.h>
void main()
{
/* Insert your code here. */
unsigned int i;
P0 = 0x00;
P1 = 0x00;
P2 = 0x00;
P3 = 0x00;
while(1)
    {
/* The first style. */
    P0 = 0x01;
    i = 200;
    while(i--);
    P0 = 0x02;
    i = 200;
    while(i--);
    P0 = 0x04;
    i = 200;
    while(i--);
    P0 = 0x08;
    i = 200;
    while(i--);
    P0 = 0x10;
    i = 200;
    while(i--);
    P0 = 0x20;
    i = 200;
    while(i--);
    P0 = 0x40;
    i = 200;
    while(i--);
    P0 = 0x80;
    i = 200;
    while(i--);
    P0 = 0x00;
    P1 = 0x01;
    i = 200;
```

```
        while(i--);
        P1 = 0x02;
        i = 200;
        while(i--);
        P1 = 0x04;
        i = 200;
        while(i--);
        P1 = 0x08;
        i = 200;
        while(i--);
        P1 = 0x10;
        i = 200;
        while(i--);
        P1 = 0x20;
        i = 200;
        while(i--);
        P1 = 0x40;
        i = 200;
        while(i--);
        P1 = 0x80;
        i = 200;
        while(i--);
        P1 = 0x00;
        P2 = 0x01;
        i = 200;
        while(i--);
        P2 = 0x02;
        i = 200;
        while(i--);
        P2 = 0x04;
        i = 200;
        while(i--);
        P2 = 0x08;
        i = 200;
        while(i--);
        P2 = 0x10;
        i = 200;
        while(i--);
        P2 = 0x20;
        i = 200;
        while(i--);
        P2 = 0x40;
        i = 200;
        while(i--);
        P2 = 0x80;
        i = 200;
        while(i--);
```

```
        P2 = 0x00;
        P3 = 0x01;
        i = 200;
        while(i--);
        P3 = 0x02;
        i = 200;
        while(i--);
        P3 = 0x04;
        i = 200;
        while(i--);
        P3 = 0x08;
        i = 200;
        while(i--);
        P3 = 0x10;
        i = 200;
        while(i--);
        P3 = 0x20;
        i = 200;
        while(i--);
        P3 = 0x40;
        i = 200;
        while(i--);
        P3 = 0x80;
        i = 200;
        while(i--);
        P3 = 0x00;
/* The second style. */
        P0 = 0x00;
        P1 = 0x00;
        P2 = 0x00;
        P3 = 0x00;
        i = 200;
        while(i--);
        P0 = 0xff;
        P1 = 0x00;
        P2 = 0x00;
        P3 = 0x00;
        i = 200;
        while(i--);
        P0 = 0x00;
        P1 = 0xff;
        P2 = 0x00;
        P3 = 0x00;
        i = 200;
        while(i--);
        P0 = 0x00;
        P1 = 0x00;
```

```
            P2 = 0xff;
            P3 = 0x00;
            i = 200;
            while(i--);
            P0 = 0x00;
            P1 = 0x00;
            P2 = 0x00;
            P3 = 0xff;
            i = 200;
            while(i--);
            P0 = 0x00;
            P1 = 0x00;
            P2 = 0x00;
            P3 = 0x00;
            i = 200;
            while(i--);
            P0 = 0xff;
            P1 = 0x00;
            P2 = 0x00;
            P3 = 0x00;
            i = 200;
            while(i--);
            P0 = 0x00;
            P1 = 0xff;
            P2 = 0x00;
            P3 = 0x00;
            i = 200;
            while(i--);
            P0 = 0x00;
            P1 = 0x00;
            P2 = 0xff;
            P3 = 0x00;
            i = 200;
            while(i--);
            P0 = 0x00;
            P1 = 0x00;
            P2 = 0x00;
            P3 = 0xff;
            i = 200;
            while(i--);
            P0 = 0x00;
            P1 = 0x00;
            P2 = 0x00;
            P3 = 0x00;
            i = 200;
            while(i--);
            P0 = 0xff;
```

```
           P1 = 0x00;
           P2 = 0x00;
           P3 = 0x00;
           i = 200;
           while(i--);
           P0 = 0x00;
           P1 = 0xff;
           P2 = 0x00;
           P3 = 0x00;
           i = 200;
           while(i--);
           P0 = 0x00;
           P1 = 0x00;
           P2 = 0xff;
           P3 = 0x00;
           i = 200;
           while(i--);
           P0 = 0x00;
           P1 = 0x00;
           P2 = 0x00;
           P3 = 0xff;
           i = 200;
           while(i--);
           P0 = 0x00;
           P1 = 0x00;
           P2 = 0x00;
           P3 = 0x00;
           i = 200;
           while(i--);
           P0 = 0xff;
           P1 = 0x00;
           P2 = 0x00;
           P3 = 0x00;
           i = 200;
           while(i--);
           P0 = 0x00;
           P1 = 0xff;
           P2 = 0x00;
           P3 = 0x00;
           i = 200;
           while(i--);
           P0 = 0x00;
           P1 = 0x00;
           P2 = 0xff;
           P3 = 0x00;
           i = 200;
           while(i--);
```

```
                          P0 = 0x00;
                          P1 = 0x00;
                          P2 = 0x00;
                          P3 = 0xff;
                          i = 200;
                          while(i--);
                          P0 = 0x00;
                          P1 = 0x00;
                          P2 = 0x00;
                          P3 = 0x00;
                          i = 200;
                          while(i--);
                  /* The third style. */
                          P0 = 0x01;
                          i = 200;
                          while(i--);
                          P0 = 0x03;
                          i = 200;
                          while(i--);
                          P0 = 0x07;
                          i = 200;
                          while(i--);
                          P0 = 0x0f;
                          i = 200;
                          while(i--);
                          P0 = 0x1f;
                          i = 200;
                          while(i--);
                          P0 = 0x3f;
                          i = 200;
                          while(i--);
                          P0 = 0x7f;
                          i = 200;
                          while(i--);
                          P0 = 0xff;
                          i = 200;
                          while(i--);
                          P1 = 0x01;
                          i = 200;
                          while(i--);
                          P1 = 0x03;
                          i = 200;
                          while(i--);
                          P1 = 0x07;
                          i = 200;
                          while(i--);
                          P1 = 0x0f;
```

```
i = 200;
while(i--);
P1 = 0x1f;
i = 200;
while(i--);
P1 = 0x3f;
i = 200;
while(i--);
P1 = 0x7f;
i = 200;
while(i--);
P1 = 0xff;
i = 200;
while(i--);
P2 = 0x01;
i = 200;
while(i--);
P2 = 0x03;
i = 200;
while(i--);
P2 = 0x07;
i = 200;
while(i--);
P2 = 0x0f;
i = 200;
while(i--);
P2 = 0x1f;
i = 200;
while(i--);
P2 = 0x3f;
i = 200;
while(i--);
P2 = 0x7f;
i = 200;
while(i--);
P2 = 0xff;
i = 200;
while(i--);
P3 = 0x01;
i = 200;
while(i--);
P3 = 0x03;
i = 200;
while(i--);
P3 = 0x07;
i = 200;
while(i--);
```

```c
        P3 = 0x0f;
        i = 200;
        while(i--);
        P3 = 0x1f;
        i = 200;
        while(i--);
        P3 = 0x3f;
        i = 200;
        while(i--);
        P3 = 0x7f;
        i = 200;
        while(i--);
        P3 = 0xff;
        i = 200;
        while(i--);
        /* The fourth style. */
        P0 = 0x00;
        P1 = 0x00;
        P2 = 0x00;
        P3 = 0x00;
        i = 200;
        while(i--);
        P0 = 0xff;
        P1 = 0xff;
        P2 = 0xff;
        P3 = 0xff;
        i = 200;
        while(i--);
        P0 = 0x00;
        P1 = 0x00;
        P2 = 0x00;
        P3 = 0x00;
        i = 200;
        while(i--);
        P0 = 0xff;
        P1 = 0xff;
        P2 = 0xff;
        P3 = 0xff;
        i = 200;
        while(i--);
        P0 = 0x00;
        P1 = 0x00;
        P2 = 0x00;
        P3 = 0x00;
        i = 200;
        while(i--);
        P0 = 0xff;
```

```
                P1 = 0xff;
                P2 = 0xff;
                P3 = 0xff;
                i = 200;
                while(i--);
                P0 = 0x00;
                P1 = 0x00;
                P2 = 0x00;
                P3 = 0x00;
                i = 200;
                while(i--);
                P0 = 0xff;
                P1 = 0xff;
                P2 = 0xff;
                P3 = 0xff;
                i = 200;
                while(i--);
                P0 = 0x00;
                P1 = 0x00;
                P2 = 0x00;
                P3 = 0x00;
                i = 200;
                while(i--);
                P0 = 0xff;
                P1 = 0xff;
                P2 = 0xff;
                P3 = 0xff;
                i = 200;
                while(i--);
                P0 = 0x00;
                P1 = 0x00;
                P2 = 0x00;
                P3 = 0x00;
                i = 200;
                while(i--);
                P0 = 0xff;
                P1 = 0xff;
                P2 = 0xff;
                P3 = 0xff;
                i = 200;
                while(i--);
                }
        }
```

8.1.4   整体仿真

执行 Simulate → ▷ Run 命令，运行流水灯电路仿真。第 1 个模式的部分仿真结果如图 8-1-6、图 8-1-7、图 8-1-8 和图 8-1-9 所示，由仿真结果可见满足流水灯电路中第 1 个模式的设计要求。

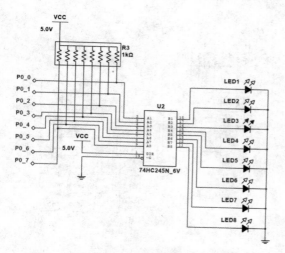

图 8-1-6　P0 端口 LED 驱动电路仿真结果

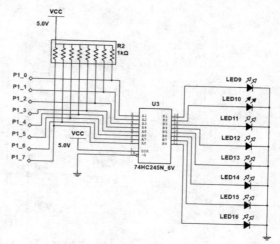

图 8-1-7　P1 端口 LED 驱动电路仿真结果

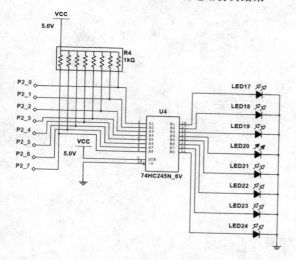

图 8-1-8　P2 端口 LED 驱动电路仿真结果

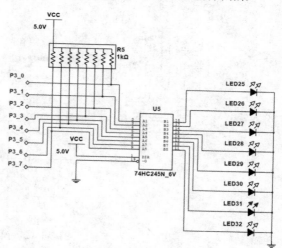

图 8-1-9　P3 端口 LED 驱动电路仿真结果

　　第 1 模式自动运行完毕后，经过一段时间后，进入第 2 种模式，部分仿真结果如图 8-1-10、图 8-1-11、图 8-1-12 和图 8-1-13 所示，由仿真结果可见满足流水灯电路中第 2 个模式的设计要求。

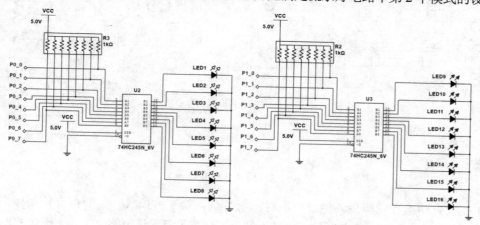

图 8-1-10　模式 2 仿真结果 1

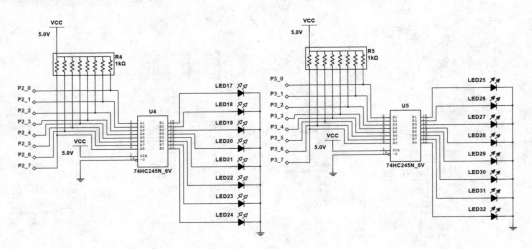

图 8-1-11   模式 2 仿真结果 2

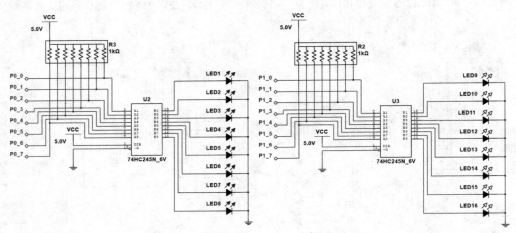

图 8-1-12   模式 2 仿真结果 3

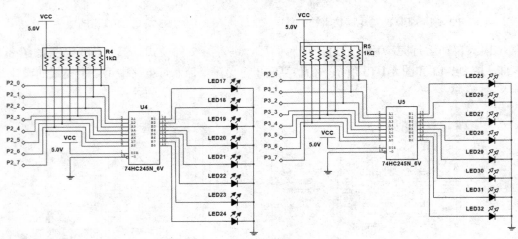

图 8-1-13   模式 2 仿真结果 4

第 2 模式自动运行完毕后，经过一段时间后，进入第 3 种模式，部分仿真结果如图 8-1-14、图 8-1-15、图 8-1-16 和图 8-1-17 所示，由仿真结果可见满足流水灯电路中第 3 个模式的设计要求。

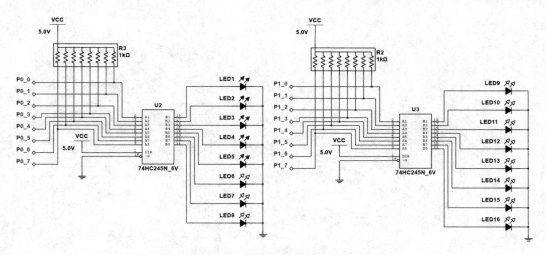

图 8-1-14　模式 3 仿真结果 1

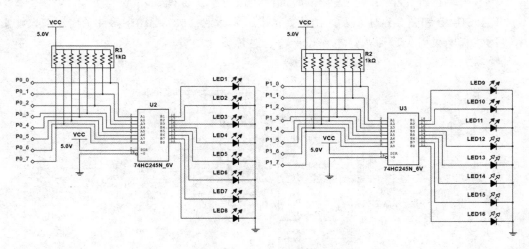

图 8-1-15　模式 3 仿真结果 2

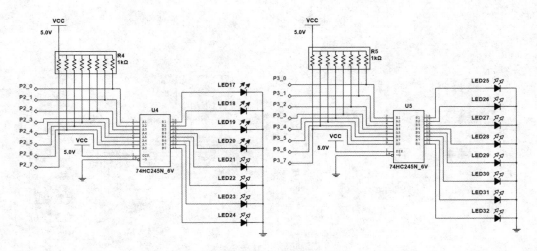

图 8-1-16　模式 3 仿真结果 3

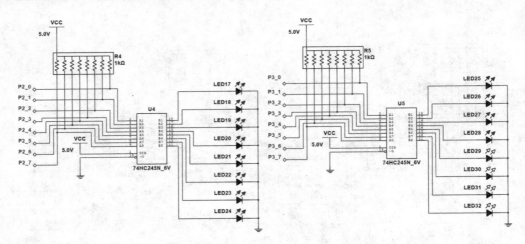

图 8-1-17　模式 3 仿真结果 4

　　第 3 模式自动运行完毕后，经过一段时间后，进入第 4 种模式，部分仿真结果如图 8-1-18、图 8-1-19、图 8-1-20 和图 8-1-21 所示，由仿真结果可见满足流水灯电路中第 4 个模式的设计要求。

　　由整体仿真结果可见，流水灯电路设计符合总体设计要求。

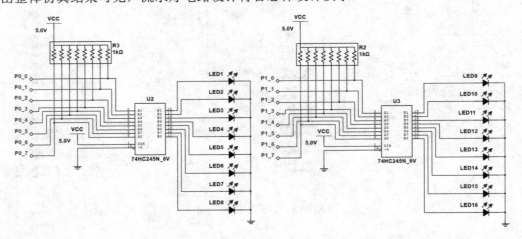

图 8-1-18　模式 4 仿真结果 1

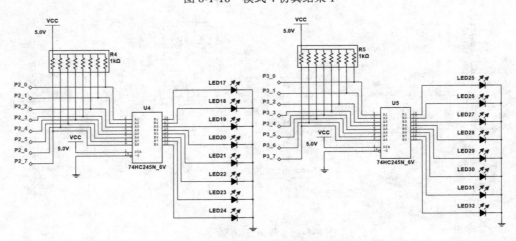

图 8-1-19　模式 4 仿真结果 2

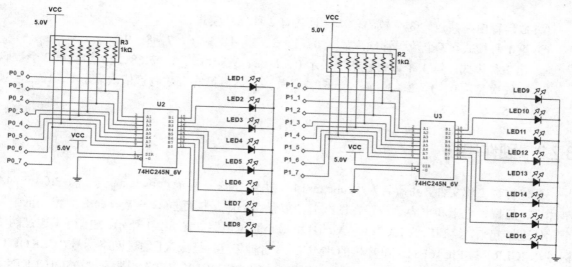

图 8-1-20 模式 4 仿真结果 3

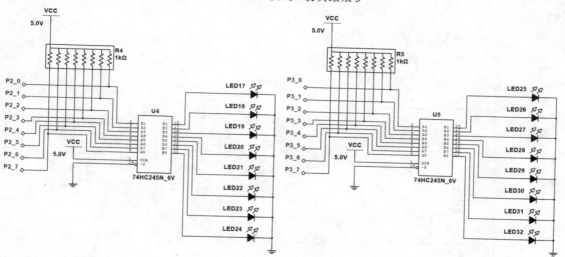

图 8-1-21 模式 4 仿真结果 4

⌨ **小提示**

◎ 扫描右侧二维码可观看流水灯电路仿真小视频。

◎ 读者需注意设置仿真时间及单片机程序中延时时间,可根据实际仿真情况调节。

◎ 读者可自行仿真其他情况。

8.2 数码管电路仿真

8.2.1 总体要求

本节数码管电路主要设计要求如下:

☺ 数码管电路共包含 3 个数码管，并且共有 2 种显示模式。

☺ 第 1 种模式，3 个数码管依次显示 0、1、2、3、4、5、6、7、8、9。

☺ 第 2 种模式，第 1 个数码管依次显示 0、1、2、3、4、5、6、7、8、9，然后第 2 个数码管依次显示 0、1、2、3、4、5、6、7、8、9，最后第 3 个数码管依次显示 0、1、2、3、4、5、6、7、8、9。

8.2.2 硬件电路

新建仿真工程文件，并命名为"Tube.ms14"。执行 Place → Component... 命令，将 PIC16F84A 单片机、晶振、电阻和电容等放置在图纸上，放置完毕后，执行 Place → Wire 命令，将图纸中各个元件连接起来，绘制出的 PIC16F84A 单片机最小系统电路如图 8-2-1 所示。电阻 R1 通过网络标号"MCLR"与 PIC16F84A 单片机的"MCLR"引脚相连；晶振 X1 通过网络标号"CLKOUT"和网络标号"CLKIN"分别与 PIC16F84A 单片机的"OSC2CLKOUT"引脚和"OSC1CLKIN"引脚相连。

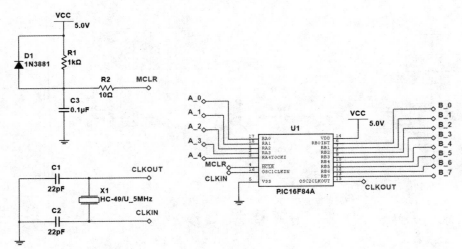

图 8-2-1　PIC16F84A 单片机最小系统电路

执行 Place → Component... 命令，将 74LS247 和排阻等放置在图纸上，放置完毕后，执行 Place → Wire 命令，将图纸中各个元件连接起来，绘制出的第 1 个数码管驱动电路如图 8-2-2 所示。74LS47 芯片 U3 的"A"引脚通过网络标号"A_0"与 PIC16F84A 单片机的"RA0"引脚相连；74LS47 芯片 U3 的"B"引脚通过网络标号"A_1"与 PIC16F84A 单片机的"RA1"引脚相连；74LS47 芯片 U3 的"C"引脚通过网络标号"A_2"与 PIC16F84A 单片机的"RA2"引脚相连；74LS47 芯片 U3 的"D"引脚通过网络标号"A_3"与 PIC16F84A 单片机的"RA3"引脚相连。

执行 Place → Component... 命令，将 74LS247 和排阻等放置在图纸上，放置完毕后，执行 Place → Wire 命令，将图纸中各个元件连接起来，绘制出的第 2 个数码管驱动电路如图 8-2-3 所示。74LS47 芯片 U6 的"A"引脚通过网络标号"B_0"与 PIC16F84A 单片机的"RB0"引脚相连；74LS47 芯片 U6 的"B"引脚通过网络标号"B_1"与 PIC16F84A 单片机的"RB1"引脚相连；74LS47 芯片 U6 的"C"引脚通过网络标号"B_2"与 PIC16F84A 单片机的"RB2"引脚相连；74LS47 芯片 U6 的"D"引脚通过网络标号"B_3"与 PIC16F84A 单片机的"RB3"引脚相连。

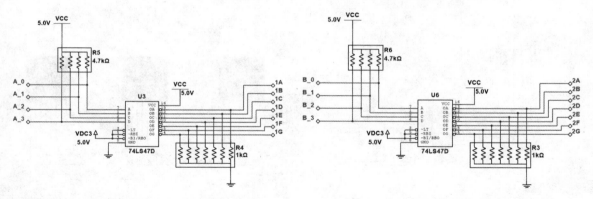

图 8-2-2　第 1 个数码管电路驱动电路　　　　图 8-2-3　第 2 个数码管电路驱动电路

执行 Place → Component... 命令，将 74LS247 和排阻等放置在图纸上，放置完毕后，执行 Place → Wire 命令，将图纸中各个元件连接起来，绘制出的第 3 个数码管驱动电路如图 8-2-4 所示。74LS47 芯片 U7 的 "A" 引脚通过网络标号 "B_0" 与 PIC16F84A 单片机的 "RB4" 引脚相连；74LS47 芯片 U7 的 "B" 引脚通过网络标号 "B_1" 与 PIC16F84A 单片机的 "RB5" 引脚相连；74LS47 芯片 U7 的 "C" 引脚通过网络标号 "B_2" 与 PIC16F84A 单片机的 "RB6" 引脚相连；74LS47 芯片 U7 的 "D" 引脚通过网络标号 "B_3" 与 PIC16F84A 单片机的 "RB7" 引脚相连。

执行 Place → Component... 命令，将 3 个数码管放置在图纸上，放置完毕后，执行 Place → Wire 命令，将图纸中各个元件连接起来，绘制出的数码管电路如图 8-2-5 所示。

数码管 U2 的 "A" 引脚通过网络标号 "1A" 与 74LS47 芯片 U3 的 "OA" 引脚相连；数码管 U2 的 "B" 引脚通过网络标号 "1B" 与 74LS47 芯片 U3 的 "OB" 引脚相连；数码管 U2 的 "C" 引脚通过网络标号 "1C" 与 74LS47 芯片 U3 的 "OC" 引脚相连；数码管 U2 的 "D" 引脚通过网络标号 "1D" 与 74LS47 芯片 U3 的 "OD" 引脚相连；数码管 U2 的 "E" 引脚通过网络标号 "1E" 与 74LS47 芯片 U3 的 "OE" 引脚相连；数码管 U2 的 "F" 引脚通过网络标号 "1F" 与 74LS47 芯片 U3 的 "OF" 引脚相连；数码管 U2 的 "G" 引脚通过网络标号 "1G" 与 74LS47 芯片 U3 的 "OG" 引脚相连。数码管 U5 的 "A" 引脚通过网络标号 "2A" 与 74LS47 芯片 U6 的 "OA" 引脚相连；数码管 U5 的 "B" 引脚通过网络标号 "2B" 与 74LS47 芯片 U6 的 "OB" 引脚相连；数码管 U5 的 "C" 引脚通过网络标号 "2C" 与 74LS47 芯片 U6 的 "OC" 引脚相连；数码管 U5 的 "D" 引脚通过网络标号 "2D" 与 74LS47 芯片 U6 的 "OD" 引脚相连；数码管 U5 的 "E" 引脚通过网络标号 "2E" 与 74LS47 芯片 U6 的 "OE" 引脚相连；数码管 U5 的 "F" 引脚通过网络标号 "2F" 与 74LS47 芯片 U6 的 "OF" 引脚相连；数码管 U5 的 "G" 引脚通过网络标号 "2G" 与 74LS47 芯片 U6 的 "OG" 引脚相连。数码管 U4 的 "A" 引脚通过网络标号 "3A" 与 74LS47 芯片 U7 的 "OA" 引脚相连；数码管 U4 的 "B" 引脚通过网络标号 "3B" 与 74LS47 芯片 U7 的 "OB" 引脚相连；数码管 U4 的 "C" 引脚通过网络标号 "3C" 与 74LS47 芯片 U7 的 "OC" 引脚相连；数码管 U4 的 "D" 引脚通过网络标号 "3D" 与 74LS47 芯片 U7 的 "OD" 引脚相连；数码管 U4 的 "E" 引脚通过网络标号 "3E" 与 74LS47 芯片 U7 的 "OE" 引脚相连；数码管 U4 的 "F" 引脚通过网络标号 "3F" 与 74LS47 芯片 U7 的 "OF" 引脚相连；数码管 U4 的 "G" 引脚通过网络标号 "3G" 与 74LS47 芯片 U7 的 "OG" 引脚相连。

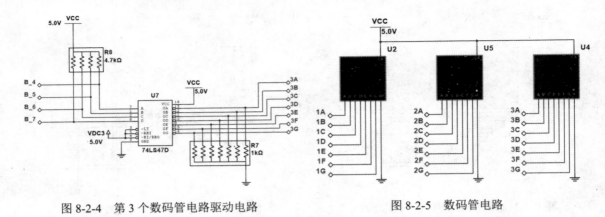

图 8-2-4　第 3 个数码管电路驱动电路　　　　图 8-2-5　数码管电路

8.2.3　单片机程序

　　PIC16F84A 单片机引脚作用如下："RA0"引脚、"RA1"引脚、"RA2"引脚和"RA3"引脚共同控制第 1 个数码管；"RB0"引脚、"RB1"引脚、"RB2"引脚和"RB3"引脚共同控制第 2 个数码管；"RB4"引脚、"RB5"引脚、"RB6"引脚和"RB7"引脚共同控制第 3 个数码管。

　　本例整体程序如下：

```
#include<htc.h>
#define _XTAL_FREQ 5000000
void main()
{
        INTCON = 0x00;
        TRISA = 0x00;
        PORTA = 0x00;
        TRISB = 0x00;
        PORTB = 0x00;
while(1)
{
//******************First******************//
//*************Zero******************//
    RA0 = 0;
    RA1 = 0;
    RA2 = 0;
    RA3 = 0;
    RB0 = 0;
    RB1 = 0;
    RB2 = 0;
    RB3 = 0;
    RB4 = 0;
    RB5 = 0;
    RB6 = 0;
    RB7 = 0;
    __delay_us(5000);
```

```
//*************One*****************//
    RA0 = 1;
    RA1 = 0;
    RA2 = 0;
    RA3 = 0;
    RB0 = 1;
    RB1 = 0;
    RB2 = 0;
    RB3 = 0;
    RB4 = 1;
    RB5 = 0;
    RB6 = 0;
    RB7 = 0;
    __delay_us(5000);
//*************Two*****************//
    RA0 = 0;
    RA1 = 1;
    RA2 = 0;
    RA3 = 0;
    RB0 = 0;
    RB1 = 1;
    RB2 = 0;
    RB3 = 0;
    RB4 = 0;
    RB5 = 1;
    RB6 = 0;
    RB7 = 0;
    __delay_us(5000);
//*************Three*****************//
    RA0 = 1;
    RA1 = 1;
    RA2 = 0;
    RA3 = 0;
    RB0 = 1;
    RB1 = 1;
    RB2 = 0;
    RB3 = 0;
    RB4 = 1;
    RB5 = 1;
    RB6 = 0;
    RB7 = 0;
    __delay_us(5000);
//*************Four*****************//
    RA0 = 0;
    RA1 = 0;
    RA2 = 1;
    RA3 = 0;
```

```
        RB0 = 0;
        RB1 = 0;
        RB2 = 1;
        RB3 = 0;
        RB4 = 0;
        RB5 = 0;
        RB6 = 1;
        RB7 = 0;
        __delay_us(5000);
//*************Five*****************//
        RA0 = 1;
        RA1 = 0;
        RA2 = 1;
        RA3 = 0;
        RB0 = 1;
        RB1 = 0;
        RB2 = 1;
        RB3 = 0;
        RB4 = 1;
        RB5 = 0;
        RB6 = 1;
        RB7 = 0;
        __delay_us(5000);
//*************Six*****************//
        RA0 = 0;
        RA1 = 1;
        RA2 = 1;
        RA3 = 0;
        RB0 = 0;
        RB1 = 1;
        RB2 = 1;
        RB3 = 0;
        RB4 = 0;
        RB5 = 1;
        RB6 = 1;
        RB7 = 0;
        __delay_us(5000);
//*************Seven*****************//
        RA0 = 1;
        RA1 = 1;
        RA2 = 1;
        RA3 = 0;
        RB0 = 1;
        RB1 = 1;
        RB2 = 1;
        RB3 = 0;
        RB4 = 1;
```

```c
        RB5 = 1;
        RB6 = 1;
        RB7 = 0;
        __delay_us(5000);
//*************Eight****************//
        RA0 = 0;
        RA1 = 0;
        RA2 = 0;
        RA3 = 1;
        RB0 = 0;
        RB1 = 0;
        RB2 = 0;
        RB3 = 1;
        RB4 = 0;
        RB5 = 0;
        RB6 = 0;
        RB7 = 1;
        __delay_us(5000);
//*************Nine****************//
        RA0 = 1;
        RA1 = 0;
        RA2 = 0;
        RA3 = 1;
        RB0 = 1;
        RB1 = 0;
        RB2 = 0;
        RB3 = 1;
        RB4 = 1;
        RB5 = 0;
        RB6 = 0;
        RB7 = 1;
        __delay_us(5000);
        __delay_us(5000);
        __delay_us(5000);
//****************Second****************//
        RA0 = 0;
        RA1 = 0;
        RA2 = 0;
        RA3 = 0;
        __delay_us(5000);
        RA0 = 1;
        RA1 = 0;
        RA2 = 0;
        RA3 = 0;
        __delay_us(5000);
        RA0 = 0;
        RA1 = 1;
```

```
        RA2 = 0;
        RA3 = 0;
        __delay_us(5000);
        RA0 = 1;
        RA1 = 1;
        RA2 = 0;
        RA3 = 0;
        __delay_us(5000);
        RA0 = 0;
        RA1 = 0;
        RA2 = 1;
        RA3 = 0;
        __delay_us(5000);
        RA0 = 1;
        RA1 = 0;
        RA2 = 1;
        RA3 = 0;
        __delay_us(5000);
        RA0 = 0;
        RA1 = 1;
        RA2 = 1;
        RA3 = 0;
        __delay_us(5000);
        RA0 = 1;
        RA1 = 1;
        RA2 = 1;
        RA3 = 0;
        __delay_us(5000);
        RA0 = 0;
        RA1 = 0;
        RA2 = 0;
        RA3 = 1;
        __delay_us(5000);
        RA0 = 1;
        RA1 = 0;
        RA2 = 0;
        RA3 = 1;
        __delay_us(5000);
        RB0 = 0;
        RB1 = 0;
        RB2 = 0;
        RB3 = 0;
        __delay_us(5000);
        RB0 = 1;
        RB1 = 0;
        RB2 = 0;
        RB3 = 0;
```

```
    __delay_us(5000);
RB0 = 0;
RB1 = 1;
RB2 = 0;
RB3 = 0;
    __delay_us(5000);
RB0 = 1;
RB1 = 1;
RB2 = 0;
RB3 = 0;
    __delay_us(5000);
RB0 = 0;
RB1 = 0;
RB2 = 1;
RB3 = 0;
    __delay_us(5000);
RB0 = 1;
RB1 = 0;
RB2 = 1;
RB3 = 0;
    __delay_us(5000);
RB0 = 0;
RB1 = 1;
RB2 = 1;
RB3 = 0;
    __delay_us(5000);
RB0 = 1;
RB1 = 1;
RB2 = 1;
RB3 = 0;
    __delay_us(5000);
RB0 = 0;
RB1 = 0;
RB2 = 0;
RB3 = 1;
    __delay_us(5000);
RB0 = 1;
RB1 = 0;
RB2 = 0;
RB3 = 1;
    __delay_us(5000);
RB4 = 0;
RB5 = 0;
RB6 = 0;
RB7 = 0;
    __delay_us(5000);
RB4 = 1;
```

```
            RB5 = 0;
            RB6 = 0;
            RB7 = 0;
            __delay_us(5000);
            RB4 = 0;
            RB5 = 1;
            RB6 = 0;
            RB7 = 0;
            __delay_us(5000);
            RB4 = 1;
            RB5 = 1;
            RB6 = 0;
            RB7 = 0;
            __delay_us(5000);
            RB4 = 0;
            RB5 = 0;
            RB6 = 1;
            RB7 = 0;
            __delay_us(5000);
            RB4 = 1;
            RB5 = 0;
            RB6 = 1;
            RB7 = 0;
            __delay_us(5000);
            RB4 = 0;
            RB5 = 1;
            RB6 = 1;
            RB7 = 0;
            __delay_us(5000);
            RB4 = 1;
            RB5 = 1;
            RB6 = 1;
            RB7 = 0;
            __delay_us(5000);
            RB4 = 0;
            RB5 = 0;
            RB6 = 0;
            RB7 = 1;
            __delay_us(5000);
            RB4 = 1;
            RB5 = 0;
            RB6 = 0;
            RB7 = 1;
            __delay_us(5000);
    }
    }
```

8.2.4　整体仿真

执行 Simulate → ▶ Run 命令，运行数码管电路仿真。第 1 个模式的仿真结果：如图 8-2-6 所示，3 个数码管均显示为 "0"；如图 8-2-7 所示，3 个数码管均显示为 "1"；如图 8-2-8 所示，3 个数码管均显示为 "2"；如图 8-2-9 所示，3 个数码管均显示为 "3"；如图 8-2-10 所示，3 个数码管均显示为 "4"；如图 8-2-11 所示，3 个数码管均显示为 "5"；如图 8-2-12 所示，3 个数码管均显示为 "6"；如图 8-2-13 所示，3 个数码管均显示为 "7"；如图 8-2-14 所示，3 个数码管均显示为 "8"；如图 8-2-15 所示，3 个数码管均显示为 "9"。由仿真结果可见满足数码管电路中第 1 个模式的设计要求。

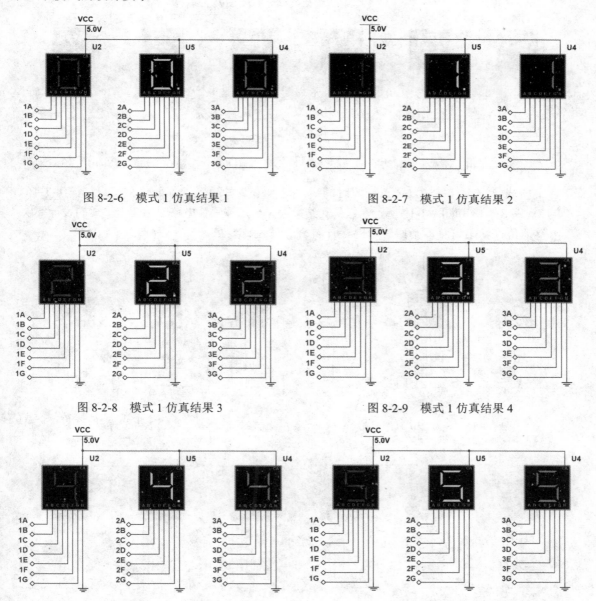

图 8-2-6　模式 1 仿真结果 1　　　　　　　　图 8-2-7　模式 1 仿真结果 2

图 8-2-8　模式 1 仿真结果 3　　　　　　　　图 8-2-9　模式 1 仿真结果 4

图 8-2-10　模式 1 仿真结果 5　　　　　　　　图 8-2-11　模式 1 仿真结果 6

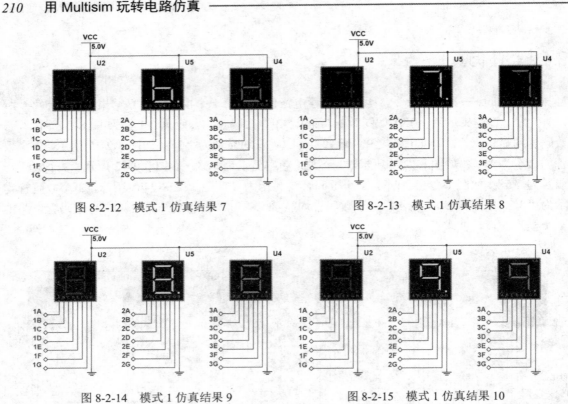

图 8-2-12　模式 1 仿真结果 7　　　　　　　图 8-2-13　模式 1 仿真结果 8

图 8-2-14　模式 1 仿真结果 9　　　　　　　图 8-2-15　模式 1 仿真结果 10

　　第 1 模式自动运行完毕，经过一段时间后，进入第 2 种模式，部分仿真结果如图 8-1-16、图 8-1-17、图 8-1-18 和图 8-1-19 所示，由仿真结果可见满足数码管电路中第 2 个模式的设计要求。由整体仿真结果可见，数码管电路设计符合总体设计要求。

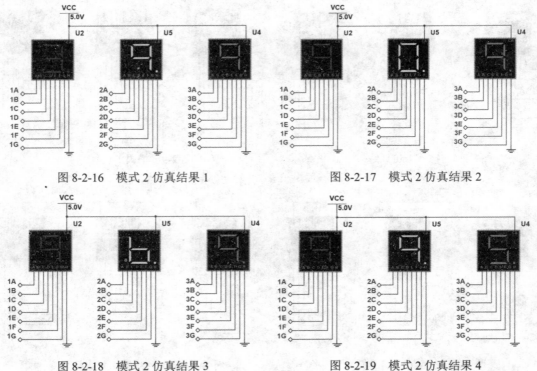

图 8-2-16　模式 2 仿真结果 1　　　　　　　图 8-2-17　模式 2 仿真结果 2

图 8-2-18　模式 2 仿真结果 3　　　　　　　图 8-2-19　模式 2 仿真结果 4

小提示

◎ 扫描右侧二维码可观看数码管电路仿真小视频。

◎ 读者需注意设置仿真时间及单片机程序中延时时间,可根据实际仿真情况调节。

◎ 读者可自行仿真其他情况。

8.3 简易电压表电路仿真

8.3.1 总体要求

本节简易电压表电路主要设计要求如下:

☺ 简易电压表的量程为 0～5V。

☺ 简易电压表的精度精确至小数点后一位。

☺ 简易电压表采用两位数码管显示测量值。

8.3.2 硬件电路

新建仿真工程文件,并命名为"ADC.ms14"。执行 Place → Component... 命令,将 8051 单片机、晶振、电阻和电容等放置在图纸上,放置完毕后,执行 Place → Wire 命令,将图纸中各个元件连接起来,绘制出的 8051 单片机最小系统电路如图 8-3-1 所示。电阻 R1 通过网络标号"RST"与 8051 单片机的"RST"引脚相连;晶振 X1 通过网络标号"XTAL1"和网络标号"XTAL2"分别与 8051 单片机的"XTAL1"引脚和"XTAL2"引脚相连。

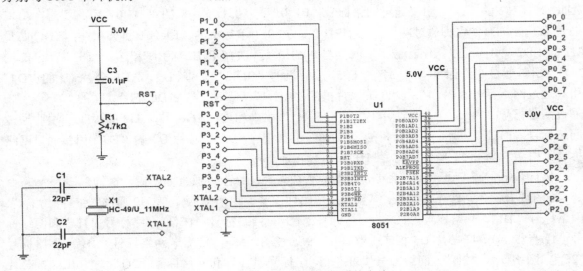

图 8-3-1 8051 单片机最小系统电路

执行 Place → Component... 命令,将 74LS47 和排阻等放置在图纸上,放置完毕后,执行 Place →

Wire 命令，将图纸中各个元件连接起来，绘制出的第 1 位数码管驱动电路如图 8-3-2 所示。74LS47 芯片 U3 的"A"引脚通过网络标号"P3_0"与 8051 单片机的"P3B0"引脚相连；74LS47 芯片 U3 的"B"引脚通过网络标号"P3_1"与 8051 单片机的"P3B1"引脚相连；74LS47 芯片 U3 的"C"引脚通过网络标号"P3_2"与 8051 单片机的"P3B2"引脚相连；74LS47 芯片 U3 的"D"引脚通过网络标号"P3_3"与 8051 单片机的"P3B3"引脚相连。

执行 Place → Component... 命令，将 74LS47 和排阻等放置在图纸上，放置完毕后，执行 Place → Wire 命令，将图纸中各个元件连接起来，绘制出的第 2 位数码管驱动电路如图 8-3-3 所示。74LS47 芯片 U7 的"A"引脚通过网络标号"P2_0"与 8051 单片机的"P2B0"引脚相连；74LS47 芯片 U7 的"B"引脚通过网络标号"P2_1"与 8051 单片机的"P2B1"引脚相连；74LS47 芯片 U7 的"C"引脚通过网络标号"P2_2"与 8051 单片机的"P2B2"引脚相连；74LS47 芯片 U7 的"D"引脚通过网络标号"P2_3"与 8051 单片机的"P2B3"引脚相连。

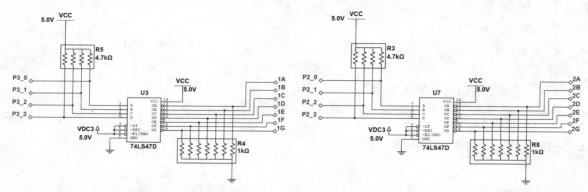

图 8-3-2　第 1 位数码管驱动电路　　　　　　图 8-3-3　第 2 位数码管驱动电路

执行 Place → Component... 命令，将 ADC 芯片、电压表、滑动变阻器和排阻等放置在图纸上，放置完毕后，执行 Place → Wire 命令，将图纸中各个元件连接起来，模数转换电路如图 8-3-4 所示。ADC 芯片 U2 的"SOC"引脚通过网络标号"P0_0"与 8051 单片机的"P0B0"引脚相连；ADC 芯片 U2 的"D0"引脚通过网络标号"P1_0"与 8051 单片机的"P1B0"引脚相连；ADC 芯片 U2 的"D1"引脚通过网络标号"P1_1"与 8051 单片机的"P1B1"引脚相连；ADC 芯片 U2 的"D2"引脚通过网络标号"P1_2"与 8051 单片机的"P1B2"引脚相连；ADC 芯片 U2 的"D3"引脚通过网络标号"P1_3"与 8051 单片机的"P1B3"引脚相连；ADC 芯片 U2 的"D4"引脚通过网络标号"P1_4"与 8051 单片机的"P1B4"引脚相连；ADC 芯片 U2 的"D5"引脚通过网络标号"P1_5"与 8051 单片机的"P1B5"引脚相连；ADC 芯片 U2 的"D6"引脚通过网络标号"P1_6"与 8051 单片机的"P1B6"引脚相连；ADC 芯片 U2 的"D7"引脚通过网络标号"P1_7"与 8051 单片机的"P1B7"引脚相连。

执行 Place → Component... 命令，将数码管放置在图纸上，放置完毕后，执行 Place → Wire 命令，将图纸中各个元件连接起来，模数转换电路如图 8-3-5 所示。数码管 U9 通过网络标号"1A"、网络标号"1B"、网络标号"1C"、网络标号"1D"、网络标号"1E"、网络标号"1F"和网络标号"1G"与 74LS47 芯片 U3 相连；数码管 U9 通过网络标号"2A"、网络标号"2B"、网络标号"2C"、网络标号"2D"、网络标号"2E"、网络标号"1F"和网络标号"2G"与 74LS47 芯片 U7 相连。

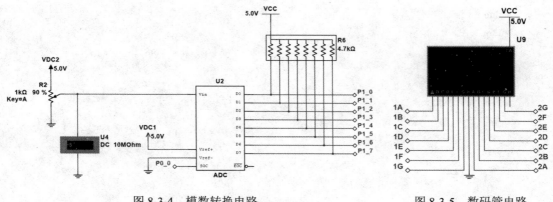

图 8-3-4 模数转换电路 图 8-3-5 数码管电路

8.3.3 单片机程序

8051 单片机引脚作用如下："P3B0"引脚、"P3B1"引脚、"P3B2"引脚和"P3B3"引脚共同控制第 1 位数码管，"P2B0"引脚、"P2B1"引脚、"P2B2"引脚和"P2B3"引脚共同控制第 2 位数码管，"P0B0"引脚控制 ADC 芯片的采用频率，"P1B0"引脚、"P1B1"引脚、"P1B2"引脚和"P1B3"引脚、"P1B4"引脚、"P1B5"引脚、"P1B6"引脚和"P1B7"引脚接收 ADC 芯片的转换值。

本例整体程序如下：

```c
#include<8051.h>
void main()
{
/* Insert your code here. */
unsigned int i;
unsigned int value;
unsigned int value1;
unsigned int value2;
unsigned char a[] = {0x00, 0x01, 0x02, 0x03, 0x04, 0x05, 0x06, 0x07, 0x08, 0x09};
value = 0;
value1 = 0;
value2 = 0;
P0 = 0x00;
P1 = 0x00;
P2 = 0x00;
P3 = 0x00;
while(1)
{
i = 100;
while(i--);
P0 = 0x01;
i = 100;
while(i--);
```

```
value = 0;
value1 = 0;
value2 = 0;
P1 = (P1 & 0xff);
value = P1;
value = 196*value;
value1 = value/10000;
value2 = ((value/1000)%10);
P3 = a[value1];
P2 = a[value2];;
i = 100;
while(i--);
P0 = 0x00;
}
}
```

8.3.4　整体仿真

执行 Simulate → ▶ Run 命令，运行简易电压表电路仿真。将滑动变阻器 R2 调节至 90%，可见电压表 U4 的示数为 "4.5V"，数码管 U9 显示为 "4.5"，如图 8-3-6 所示。

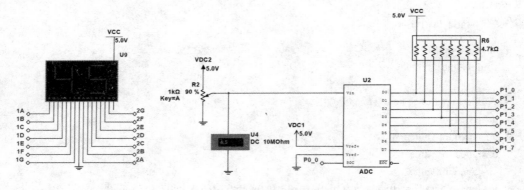

图 8-3-6　仿真结果 1

将滑动变阻器 R2 调节至 80%，可见电压表 U4 的示数为 "4V"，数码管 U9 显示为 "3.9"，如图 8-3-7 所示。

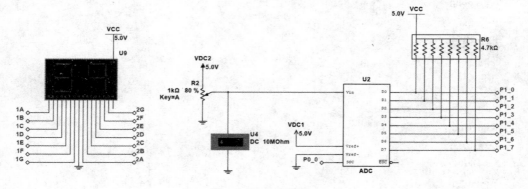

图 8-3-7　仿真结果 2

将滑动变阻器 R2 调节至 70%，可见电压表 U4 的示数为 "3.5V"，数码管 U9 显示为 "3.5"，如图 8-3-8 所示。

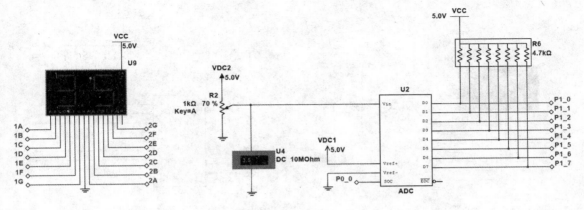

图 8-3-8　仿真结果 3

将滑动变阻器 R2 调节至 60%，可见电压表 U4 的示数为 "3V"，数码管 U9 显示为 "2.9"，如图 8-3-9 所示。

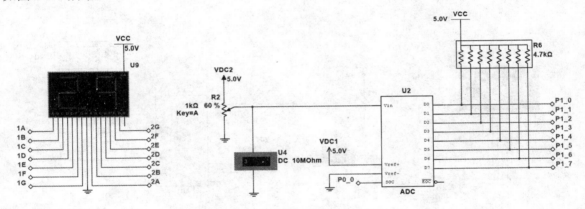

图 8-3-9　仿真结果 4

将滑动变阻器 R2 调节至 50%，可见电压表 U4 的示数为 "2.5V"，数码管 U9 显示为 "2.4"，如图 8-3-10 所示。

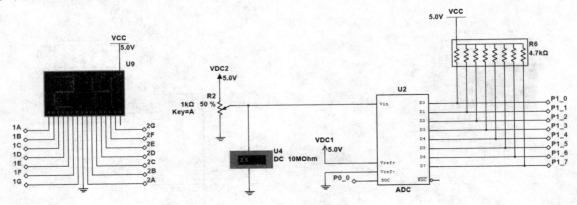

图 8-3-10　仿真结果 5

将滑动变阻器 R2 调节至 40%，可见电压表 U4 的示数为 "2V"，数码管 U9 显示为 "1.9"，如图 8-3-11 所示。

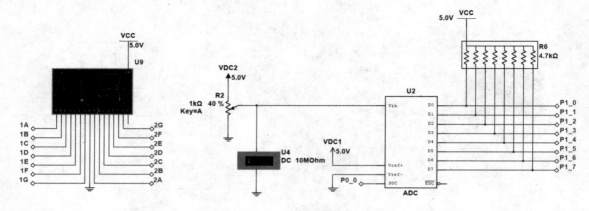

图 8-3-11　仿真结果 6

将滑动变阻器 R2 调节至 30%，可见电压表 U4 的示数为 "1.5V"，数码管 U9 显示为 "1.4"，如图 8-3-12 所示。

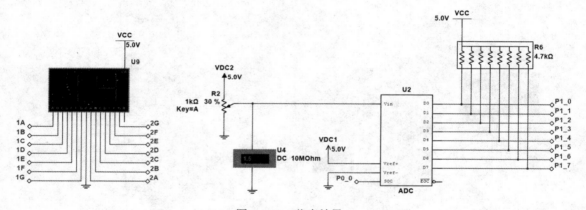

图 8-3-12　仿真结果 7

将滑动变阻器 R2 调节至 20%，可见电压表 U4 的示数为 "1V"，数码管 U9 显示为 "0.9"，如图 8-3-13 所示。

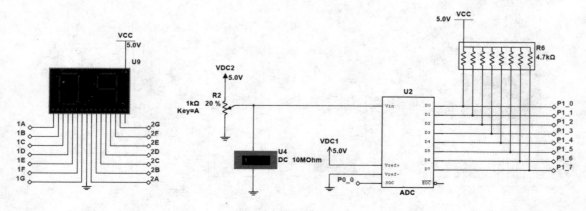

图 8-3-13　仿真结果 8

将滑动变阻器 R2 调节至 10%，可见电压表 U4 的示数为"0.5V"，数码管 U9 显示为"0.4"，如图 8-3-14 所示。

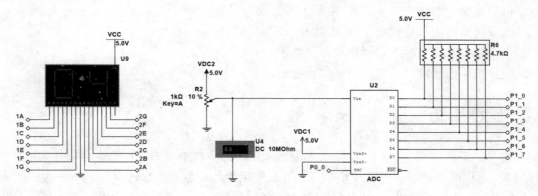

图 8-3-14　仿真结果 9

将滑动变阻器 R2 调节至 0%，可见电压表 U4 的示数为"0.5μV"，数码管 U9 显示为"0.0"，如图 8-3-15 所示。

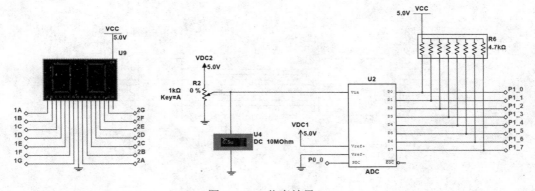

图 8-3-15　仿真结果 10

由整体仿真结果可见，简易电压表电路设计符合总体设计要求。

小提示

◎ 扫描右侧二维码可观看简易电压表电路仿真小视频。
◎ 读者需注意设置仿真时间及单片机程序中延时时间，可根据实际仿真情况调节。
◎ 读者可自行仿真其他情况。

8.4　水箱水位控制器电路仿真

8.4.1　总体要求

本节水箱水位控制器电路主要设计要求如下：

☺ 可由按键控制向水箱注水。

☺ 可由按键控制由水箱排水。

☺ 可由按键控制停止注水或者排水。

☺ 水流速度可由单片机自动控制。

☺ 当水箱中水排空时，可以自动停止排水。

☺ 当水箱中水注满时，可以自动停止注水。

8.4.2　硬件电路

新建仿真工程文件，并命名为"Waterbox.ms14"。执行 Place → Component... 命令，将 PIC16F84A 单片机、晶振、电阻和电容等放置在图纸上，放置完毕后，执行 Place → Wire 命令，将图纸中各个元件连接起来，绘制出的 PIC16F84A 单片机最小系统电路如图 8-4-1 所示。电阻 R1 通过网络标号"MCLR"与 PIC16F84A 单片机的"MCLR"引脚相连；晶振 X1 通过网络标号"CLKOUT"和网络标号"CLKIN"分别与 PIC16F84A 单片机的"OSC2CLKOUT"引脚和"OSC1CLKIN"引脚相连。

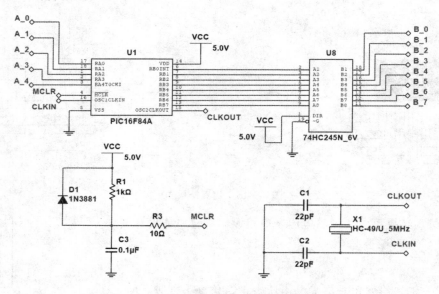

图 8-4-1　PIC16F84A 单片机最小系统电路

执行 Place → Component... 命令，将水箱模型和指示灯等放置在图纸上，放置完毕后，执行 Place → Wire 命令，将图纸中各个元件连接起来，绘制出的水箱电路如图 8-4-2 所示。水箱模型通过网络标号"A_0"与 PIC16F84A 单片机的"RA0"引脚相连；水箱模型通过网络标号"A_1"与 PIC16F84A 单片机的"RA1"引脚相连。

执行 Place → Component... 命令，将 LM358、74HC02、74HC04 和电阻等放置在图纸上，放置完毕后，执行 Place → Wire 命令，将图纸中各个元件连接起来，绘制出的停止信号如图 8-4-3 所示。74HC02 芯片 U6 通过网络标号"A_0"与 74HC245 芯片 U8 的"B3"引脚相连；LM358 芯片 U5 通过网络标号"Sensor"与水箱相连；单刀双掷开关 S4 通过网络标号"Stop"与水箱相连。

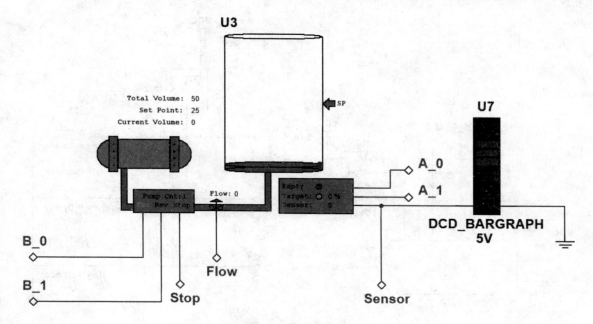

图 8-4-2　水箱电路

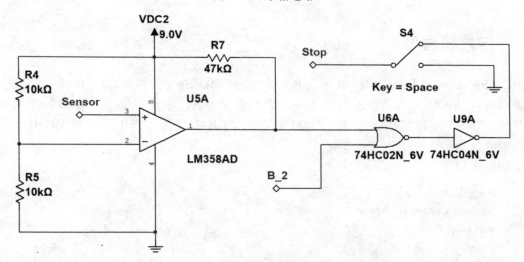

图 8-4-3　停止信号电路

　　执行 Place → Component... 命令，将 VDAC 芯片、独立按键和排阻等放置在图纸上，放置完毕后，执行 Place → Wire 命令，将图纸中各个元件连接起来，绘制出的独立按键电路和数模转换电路如图 8-4-4 所示。独立按键 S1 通过网络标号"A_2"与 PIC16F84A 单片机的"RA2"引脚相连。独立按键 S2 通过网络标号"A_3"与 PIC16F84A 单片机的"RA3"引脚相连；独立按键 S3 通过网络标号"A_4"与 PIC16F84A 单片机的"RA4"引脚相连。DAC 芯片 U2 的"D1"引脚通过网络标号"B_3"与 74HC245 芯片 U8 的"B4"引脚相连；DAC 芯片 U2 的"D3"引脚通过网络标号"B_4"与 74HC245 芯片 U8 的"B5"引脚相连；DAC 芯片 U2 的"D5"引脚通过网络标号"B_5"与 74HC245 芯片 U8 的"B6"引脚相连；DAC 芯片 U2 的"D6"引脚通过网络标号"B_6"与 74HC245 芯片 U8 的"B7"引脚相连。

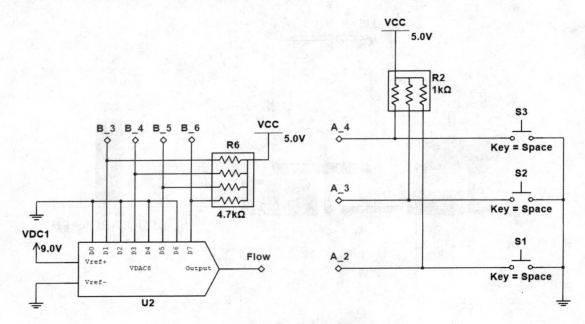

图 8-4-4　独立按键电路和数模转换电路

8.4.3　单片机程序

PIC16F84A 单片机引脚作用如下："RA0"引脚为水箱排空检测引脚，"RA1"引脚为设定值检测引脚，"RA2"引脚为注水开始开关，"RA3"引脚为排水开始开关，"RA3"引脚为排水开始开关，"RA4"引脚为停止开关，"RB3"引脚、"RB4"引脚、"RB5"引脚和"RB6"引脚共同控制流速。

本例整体程序如下：

```
#include<htc.h>
#define _XTAL_FREQ 5000000
void main()
{
    INTCON = 0x00;
    TRISA = 0xff;
//  PORTA = 0xff;
    TRISB = 0x00;
    PORTB = 0x00;
    RB3 = 0;
    RB4 = 0;
    RB5 = 0;
    RB6 = 0;
    RB0 = 0; //Fwd Disable
    RB1 = 0; //Rev Disable
    RB2 = 1; //Stop
    unsigned int a, b, c;
    while(1)
```

```
            {
//*****************Fwd Enable************************
        if ( RA2 == 0 )
            {
                    __delay_us(1000);
                    if ( RA2 == 0 )
                        {
                                while( RA2 == 0 )
                                    {
                                    }
                                RB0 = 1; //Fwd Enable
                                RB1 = 0; //Rev Disable
                                RB2 = 0; //Start
                                RB3 = 1;
                                RB4 = 1;
                                RB5 = 1;
                                RB6 = 1;
                        }
            }
//*****************Rev Enable************************
        if ( RA3 == 0 )
            {
                    __delay_us(1000);
                    if ( RA3 == 0 )
                        {
                                while( RA3 == 0 )
                                    {
                                    }
                                RB0 = 0; //Fwd Disable
                                RB1 = 1; //Rev Enable
                                RB2 = 0; //Start
                                RB3 = 1;
                                RB4 = 1;
                                RB5 = 1;
                                RB6 = 1;
                        }
            }
//*******************Stop***************************
        if ( RA4 == 0 )
            {
                    __delay_us(1000);
                    if ( RA4 == 0 )
                        {
                                while( RA4 == 0 )
                                    {
                                    }
                                RB0 = 0; //Fwd Disable
```

```
                              RB1 = 0; //Rev Enable
                              RB2 = 1; //Stop
                              RB3 = 0;
                              RB4 = 0;
                              RB5 = 0;
                              RB6 = 0;
                      }
              }
//*********************Empty*************************
        if ( ( RA0 == 1 ) && ( RB1 == 1 ) )
              {
                      RB3 = 0;
                      RB4 = 0;
                      RB5 = 0;
                      RB6 = 0;
                      RB0 = 0; //Fwd Disable
                      RB1 = 0; //Rev Enable
                      RB2 = 1; //Stop
              }
//*******************High Speed*********************
        if ( ( RB0 == 1 ) && ( RA1 == 0 ) )
              {
                      RB3 = 1;
                      RB4 = 1;
                      RB5 = 1;
                      RB6 = 1;
              }
//*******************Low Speed**********************
        if ( RA1 == 1 )
              {
                      RB3 = 1;
                      RB4 = 1;
                      RB5 = 1;
                      RB6 = 0;
              }
        __delay_us(5000);
        }
}
```

8.4.4　整体仿真

执行 <u>Simulate</u> → ▷ <u>Run</u> 命令，运行水箱水位控制器电路仿真。单击独立按键 S1，开始向水箱注水，注水速度为"1"，如图 8-4-5 所示。单击独立按键 S3，停止向水箱注水，如图 8-4-6 所示。

单击独立按键 S1，继续开始向水箱注水，注水流速为"1"，当水箱水位超过了设定水位，注水流速为"0.3"，如图 8-4-7 所示。当水箱即将注满时，自动停止注水，如图 8-4-8 所示，此时再单击独立按键 S1，则依然无法开始注水。

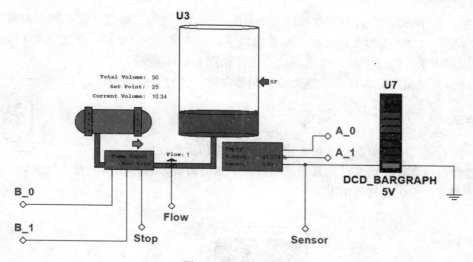

图 8-4-5　仿真结果 1

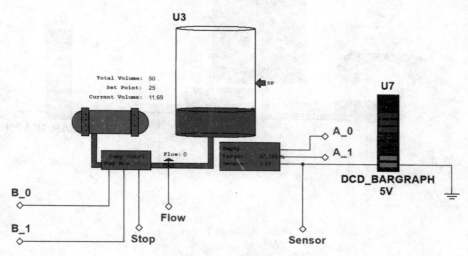

图 8-4-6　仿真结果 2

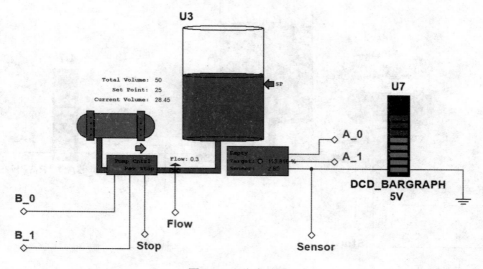

图 8-4-7　仿真结果 3

单击独立按键 S2，并将单刀双掷开关 S4 接入"地"网络，经过一段时间后，将单刀双掷开关 S4 接入 74HC04 引脚上，此时水箱开始排水，排水流速为"0.3"，如图 8-4-9 和图 8-4-10 所示。当水箱中水自动排空时，排水自动停止，如图 8-4-11 所示。

由整体仿真结果可见，简易水箱水位控制器电路设计符合总体设计要求。

小提示

◎ 扫描右侧二维码可观看水箱水位控制器电路仿真小视频。

◎ 读者需注意设置仿真时间及单片机程序中延时时间，可根据实际仿真情况调节。

◎ 读者可自行仿真其他情况。

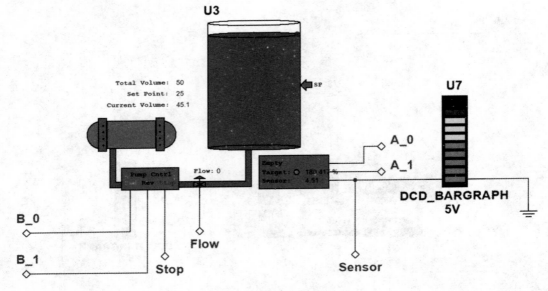

图 8-4-8　仿真结果 4

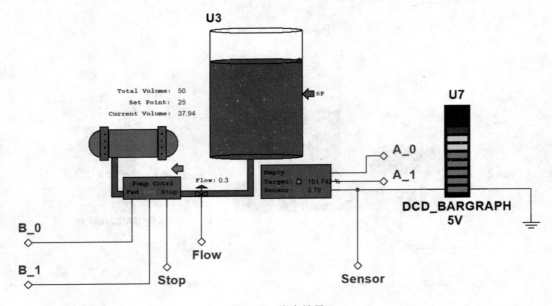

图 8-4-9　仿真结果 5

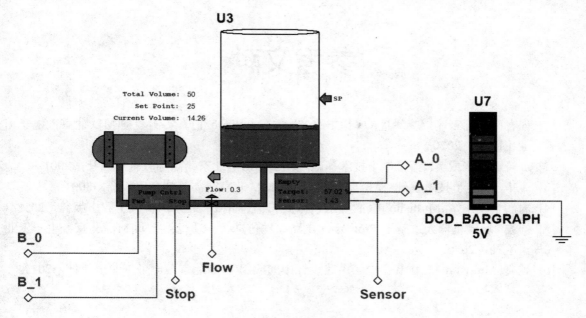

图 8-4-10　仿真结果 6

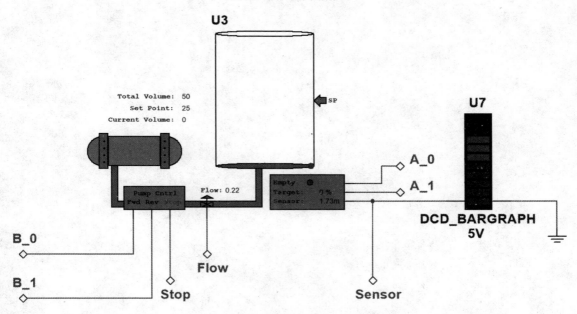

图 8-4-11　仿真结果 7

参考文献

[1] 程春雨，商云晶，吴雅楠. 模拟电路实验与 Multisim 仿真实例教程[M]. 北京：电子工业出版社，2020.

[2] 童诗白，华成英. 模拟电子技术基础. 第三版[M]. 北京：高等教育出版社，2001.

[3] 康华光. 电子技术基础 模拟部分. 第四版[M]. 北京：高等教育出版社，2001.

[4] 周润景，崔婧. Multisim 电路系统设计与仿真教程[M]. 北京：机械工业出版社，2018.

[5] 刘波. 玩转机器人：基于 Proteus 的电路原理仿真（移动视频版）[M]. 北京：电子工业出版社，2020.

[6] 聂典. Multisim 12 仿真在电子电路设计中的应用[M]. 北京：电子工业出版社，2017.